国家示范性高职院校建设项目成果

基于行动导向整合式
基础化学项目课程新模式

王利明　著

化学工业出版社

·北京·

本书阐释了为化学近缘类专业培养具有专业基本知识和实践技能，能在生产、检验、流通和使用等专业领域中从事相应工作的高素质技能型人才奠定化学基础的项目课程模式。它依据项目课程理念，按照"工作逻辑"的课程思想对课程目标、课程内容、课程结构、课程实施、课程评价进行系统设计，力求为教学实践提供一种可选择的教学行为系统。本书配套有《"教、学、做一体化"教学设计》和《"学中做，做中学"学习任务书》光盘，可供化学教师、职业教育研究者和从业者参考。

图书在版编目（CIP）数据

基于行动导向整合式基础化学项目课程新模式/王利明著.
北京：化学工业出版社，2012.3
ISBN 978-7-122-13405-9

Ⅰ. 基⋯　Ⅱ. 王⋯　Ⅲ. 化学 - 教学研究　Ⅳ. O6

中国版本图书馆CIP数据核字（2012）第019107号

责任编辑：李植峰　　　　　文字编辑：梁静丽
责任校对：陈　静　　　　　装帧设计：张　辉

出版发行：化学工业出版社（北京市东城区青年湖南街13号　邮政编码100011）
印　　装：化学工业出版社印刷厂
710mm×1000mm　1/16　印张6¼　字数102千字　2012年6月北京第1版第1次印刷

购书咨询：010-64518888（传真：010-64519686）　售后服务：010-64518899
网　　址：http://www.cip.com.cn
凡购买本书，如有缺损质量问题，本社销售中心负责调换。

定　　价：36.00元

前　言

在高等职业教育课程改革中，基础课的改革对专业改革的影响很大，如果基础课从体系到内容过度弱化，会影响学生全面素质和职业行动能力的提高。但在教学实践中，时间（课时）、学生的学习能力、相关的理论知识的掌握三个变量的限制因素很多，影响了专业基础课课程质量。为了寻找解决专业基础课课程质量问题的措施和路径，多年来，北京电子科技职业学院化学课程组一直致力于高职教育的人才培养模式、课程模式、教学模式、学习模式的相互关联和系列建构的研究，努力建构化学近缘类专业基础课的课程模式，试图通过教师和学生两个主体之间的交流互动，使"教"与"学"的过程成为对客体和社会不断认识、使自身价值不断储备和实现的过程。

经过多年的理论研究和实践探索，形成了"基于行动导向整合式基础化学项目课程新模式"，这是为化学近缘类专业培养具有专业基本知识和实践技能，能在生产、检验、流通和使用等专业领域中从事相应工作的高素质技能型人才奠定化学基础的项目课程模式。它依据项目课程理念，按照"工作逻辑"的课程思想对课程目标、课程内容、课程结构、课程实施、课程评价进行系统设计，力求为教学实践提供一种可选择的教学行为系统。这是一套由《基于行动导向整合式基础化学项目课程新模式》（专著）、《"教、学、做一体化"教学设计》（光盘）、《"学中做，做中学"学习任务书》（光盘）、《化学》（普通高等教育"十一五"国家级规划教材）、《化学实验技术》（北京市精品教材）、化学精品课程网站（网址http://211.103.139.210:8088/）、《化学课程PPT教学课件》（光盘）七部分组成的立体化教育教学方案，具有如下特点。

1. "工学结合"课程化

遵循"工作逻辑"，打破学科体系，从化学一级学科的视角，根据职业行动能力发展规律，以化学近缘类职业领域的工程技术人员从事生产技术等工作时所需要的工作过程知识为核心，以他们进行设计、规划和各项技术规范的制订时所必须具备的基本概念和思路为基础，将四大化学进行解构→融通→整合→重构→序化，衍生出以化学反应过程为载体的行动导向项目课程体系。

2. 课程目标能力化

职业教育是学生应对未来工作需要的教育。市场需要什么样的能工巧匠，就应开设什么样的培养高技能人才的课程。化学近缘类职业领域要求学生具有用化学思想、理论、方法消化吸收工程概念和工程原理的能力；具有进行工程设计、制订规划和各项技术规范的基本概念和思路；具有把专业实际问题转化为数学模型，并借助于计算机和数学软件包求解数学模型的能力，以此作为本课程的课程目标。

3. 课程内容职业化

职业岗位需要什么，课程就教授什么，不仅知识与技能是课程内容，而且知识与工作任务的联系也是重要的课程内容。在选取教学内容时，首先，通过对企业深度调研，明确职业岗位实际工作任务所需要的知识、能力和素质要求；了解车间工艺流程和生产控制取样点，化工厂生产、分析、质检技术及要求，化验室的组织与管理；了解分析工作在生产中的地位，及其与生产的关系和作用等。然后，以课程教学目标作为指导思想，选取针对于培养化学近缘类职业领域生产一线高素质技能型人才需要的课程内容，以满足职业行动能力形成的需要，为学生可持续发展奠定良好的基础。

4. 课程实施项目化

纯粹的知识不是职业行动能力，纯粹的工作任务也不是职业行动能力，只有当知识与工作任务相结合，学生能富有智慧地完成工作任务时，才能说他具备了职业行动能力。所以，要有效地培养学生的职业行动能力，就必须帮助学生努力地在与工作任务的联系过程中去学习知识，由此构建项目课程模式，按照工作任务的相关性来组织课程，与此同时，促使学生生成与该课程模式相应的学习模式，从而促进学生职业行动能力的形成。为此，教师按照教学设计（把工作任务转化为学习任务）→获取信息→制订计划→做出决策→实施计划→检查计划→评价成果的"七步教学法"组织教学；学生接受学习任务后，按照获取信息→制订计划→做出决策→实施计划→检查计划→评价成果的"六步学习法"进行学习。在这个过程中，教师设计任务单，学生接受任务单后按照信息单→计划单→决策单→记录单→自查单→评价单的学习流程（即工作流程）完成学习任务，体验工作体系。教师"七步教学法"第0步的教学设计，即"课程思想设计"是教与学的核心，在"课程思想"指导下，以项目（行动）驱动课程，围绕项目实施课程；以项目为中心分解教学内容，课程围绕项目进行，项目完成了，课程教学也完成了。

5. 课程评价过程化、开放化

项目课程的特点是学习的内容是工作，通过工作实现学习。评价这种课程要依据行动导向教学评价理念，采取蜘蛛网状阶梯式评价方式对学生学习质量进行全方位诊断性的过程评价，促进学生的发展。这种评价，①实现了评估主体互动化，改变单一评估主体，由教师、学生共同参与，强调评估过程的参与性，关注评估结果的认同性；②实现了课程、教学和评价的整体化，把学生的各种表现和学习结果作为评价的依据，评价同时作为师生共同学习的机会，为修改课程提供有用的信息；③评估内容多元化，强调多元价值取向和多元标准，注重学生综合职业行动能力的发展而不仅是知识积累；④评估过程动态化，不仅关注结果，而且将终结性评估与形成性评估结合起来，促进评估对象的转变与发展。

"基于行动导向整合式基础化学项目课程新模式"通过教学设计力图使教学的各个要素、各个方面和各个环节，按照其内在规律结合，实现人才培养的系统性；通过教学实施力图使教学的各个因素相互联系、相互作用、相互促进，实现人才培养的互动性；在师与生、课内与课外、理论与实践、书本与网络、校园与社会的辐射中实施"做中学"，实现人才培养的开放性；希望能通过课程改革促进学生主动学习，使学生承担起知识的学习与物化的重任。

"基于行动导向整合式基础化学项目课程新模式"获得2008年北京市教育教学成果奖二等奖，由北京电子科技职业学院化学课程组完成。课程组全体成员特别感谢北京电子科技职业学院么居标副院长对化学课程改革给予了大力的支持和指导；特别感谢北京化工大学博士生导师励航泉教授、北京工业大学博士生导师钟乳刚教授给予化学课程改革的点拨与指导。

北京电子科技职业学院化学课程组组长　王利明

2011年5月

致 教 师

亲爱的教师：您好！

感谢您选择了高等职业教育化学近缘类专业的基础化学教学工作，我们的核心任务是让学生学会学习，这要通过我们的努力来实现。创新性地建构教学是我们共同的期待，为此，我们愿意把我们的教学感受告诉给你，让我们共同分享教育教学改革的苦痛与快乐。

课程与教学的关系

课程与教学是紧密互动的两个领域。教师在学习教学方法和组织管理方法的同时，要学一些课程理论，至少对其所承担的课程的设计思想应有非常深入的了解，否则就只能是教教材，沦为教书匠。许多教师尽管对教案进行了精心设计，但其教学过程的形态并无实质性改变，只在具体方法上努力，而不深入理解课程，是难以大幅度提高教学水平的。

教材与教案的关系

课程与教学是紧密互动的关系，而且二者之间存在交叉与衔接点，这个点就是教材与教案。教材属于课程的要素，教案属于教学的要素。教材是课程理念的物化载体，而教案是教师对教材处理后用于教学的方案。设计教材是为了满足教学需要，教材应该设计到什么程度，即应把这种交叉与衔接点置于课程与教学之间的哪个位置，取决于相应的课程理念。

课程与教师的关系

课程是教师专业发展的重要载体，有什么样的课程体系，就会形成教师什么类型的能力。如果课程体系不改革，教师就缺乏转变能力的动力，因此只能在课程改革的过程中去重建教师的能力。课程改革不可能一蹴而就，课堂中师生任何一个行为的改变都非常困难，更何况以项目课程为主导思想的根本性改革。但只要我们在努力，就一定会离目标越来越近。

课程与实训条件的关系

近年来各级政府对职业教育实训基地的投入是相当大的。问题在于如此庞大的资金该如何使用才能最大限度地发挥其人才培养功效。实训基地不仅仅是一些硬件和场地，而应当是在一定理念主导下的物质的综合。只有有了优质的课程体系，然后按照这一课程体系的实施要求来建设实训中心，才能最大限度地达到上述目的。

教师作用与有效教学

课程的实施有两个方面，在教学组织与实施时，需要教师去组建教学团队，构建和改善教学环境，才能实现工作过程系统化的教学；在指导学生的学习时，教师应尽量改善学生的学习环境，为学生提供更多的学习资源，充分调动学生学习的主动性，让学生在小组合作与交流的氛围里，尽可能通过亲自实践来学习，并加强学习过程的质量控制，使学习更为有效。

学习目标与学业评价

学习目标反映学生完成学习任务后预期达到的能力水平，所以学习目标既包含针对本学习任务的过程和结果的质量要求，也有对今后完成类似工作任务的要求。每个学习目标都要落实到具体的学习活动中，对学生的学业评价要在学习过程中体现。评价与反馈可以通过学生的自评、小组同学的互评及您的检查与评价来实现。

学习内容与活动设计

课程学习内容是一体化的学习任务。在教学时，要建立任务完成与知识学习之间的内在联系，将完成工作任务的整个过程分解为一系列可以让学生独立学习和工作的相对完整的学习活动，这些活动需要依据实际教学情况来设计。在实施时，要充分相信学生并发挥学生的作用，与他们共同进行活动过程的质量控制。

教学方法与组织形式

课程倡导行动导向教学，在学习引导问题的帮助下，学生进行主动的思考和学习。根据学习任务所需的工作要求，组建学生学习小组，学生在合作中共同学习和完成工作任务。分组时注意兼顾学生的学习能力、性格、态度等个体差异，并以自愿为原则。

学习资源与教学环境

为了实现优质教学资源的最大共享，我们建设了化学网络课程，发挥助教助学功能，网址为：http://211.103.139.210:8088/，这是北京市精品课程网站。同时，建议配备理论实践一体化学习的教学环境，加强对教学环境的管理，如工作规程的要求、工作安全与健康保护相应的预防措施、经济地使用各种实验材料、合理处理废弃物、养成环保意识等。

预祝您的教学更为有效！

致 同 学

亲爱的同学：你好!

欢迎你就读化学近缘类专业。化学基础的薄厚，直接影响你今后在实际工作中的适应能力、职业行动能力、创新能力和发展前途。化学课程是为化学近缘类专业培养具有专业的基本知识和实践技能，能在生产、检验、流通和使用等专业领域中从事相应工作的高素质技能型人才奠定化学基础的课程，是培养学生的职业行动能力和科学素养的重要组成部分。但愿我们构建的化学课程教育教学方案能够为你的职业成长提供帮助，为你职业生涯打下坚实的基础。践行"以学生为中心"的理念，我们为你提供了化学网络课程，在网络课堂中设置了电子教材、电子课件、项目案例、思考习题、实训实习项目、学习指南、学习任务书、学法指导、实训须知、实训资源、在线作业、在线测试、在线答疑、拓展学习、学教互评、授课实况等栏目。化学课程网站网址为：http://211.103.139.210:8088/。希望你能经常浏览，除了课堂教学外，在那里我们沟通、交流、相互学习。

为了让你的学习更有效，希望你能够做到以下几点。

一、主动学习

要知道，你是学习的主体。工作能力主要是靠你自己亲自实践获得的，而不仅仅是依靠教师在课堂上讲授。教师只能为你的学习提供帮助。例如，教师可以给你解释学习过程中遇到的问题，向你讲授化学原理与技术，教你使用化学实验仪器设备，为你提供各种学习资料，对你进行学习方法的指导。但在学习中，这些都是外因，你的主动学习才是内因，外因只能通过内因起作用。职业成长需要主动学习，需要你自己积极地参与实践。只有在行动中主动和全面地学习，才能很好地获得职业行动能力，因此，你自己才是实现有效学习的关键所在。

二、用好各种学习资料

首先，你要了解学习任务的每一个学习目标，利用这些目标指导自己的学习并评价自己的学习效果；其次，你要明确学习内容的结构，在引导问题的帮助下，尽量独立地去学习并完成包括填写学习任务书内容等的整个学习任务；再次，你可以在教师和同学的帮助下，通过搜索、查阅等多种方式，学习重要的技术知识；最后，你应当积极参与小组讨论，尝试解决复杂和综合性的问题，进行工作质量的自检和小组互检，并注意规范操作和安全要求，在多种技术实践活动中形成自己的技术思维方式。

三、把握好学习过程、学习内容和学习资源

学习过程是由学习准备、计划与实施和评价反馈所组成的完整过程。你要养成

理论与实践紧密结合的习惯，要培养自己用学会的知识去主动解决问题的能力。教师引导、同学交流、学习中的观察、动手操作和评价反思都是专业技术学习的重要环节。

本课程的学习内容是以化学反应过程作为学习的载体，由26个典型的学习任务所组成。也就是学习任务书中包括26个学习任务，每一个学习任务都要按照获取信息→制订计划→做出决策→实施计划→检查计划→评价成果等六个步骤来完成，相应地要领取任务单，填写信息单、计划单、决策单、记录单、自查单、评价单。任务单、信息单、计划单、决策单、记录单、自查单、评价单构成一个完整的学习任务书。你要学会利用化学网络课堂来帮助你学习新知识、新技术、新工艺，拓展你的学习范围，培养你的创新能力。

你在高等职业院校的核心任务是在学习中学会工作，这要通过在工作中学会学习来实现，学会工作是我们对你的期待。同时，也希望把你的学习感受反馈给我们，以便我们能更好地为你及其他同学服务。

预祝你学习取得成功！

目 录

第三部分　案　例

第一部分

高等职业教育的教育教学目标与本教学模式的建构依据

第一章
高等职业教育的教育教学目标和职责

一、高等职业教育与社会需求的关系

在进行高职课程重新构建之前，首先要回答高职课程为什么要改革？高职教育人才培养质量与社会需求适应度之间的矛盾是促成高等职业教育课程必须改革的根本原因，其矛盾产生的主要原因是人才的培养模式与课程模式不协调。高职教育的社会定位是什么？教育目标是什么？教学目标是什么？这是进行课程改革必须回答的问题。在高等职业教育的课程改革中，必须明确社会定位、教育目标、教学目标之间应建立什么样的联系和搭建什么样的通道才能使三者匹配与协调，以实现人才培养目标。为此，必须清楚高职教育与社会需求的关系，以及社会需求什么样的高职教育。

（一）社会发展对高等职业教育提出的新要求

进入新世纪，随着新技术的加速发展和普及，人类已迈向一个信息、市场化和全球化的知识经济时代。高新技术推动生产力发展，使得劳动者与生产技术的关系更为复杂。技术工人的职业行动能力在现代企业中显得越来越重要，尤其是"工作过程知识"即主观能动性较强的经验性知识，在企业生产经营过程显得更加重要，将成为职业技术的重要组成部分。

现代工业心理学和技术学研究表明，在高新技术岗位（如机器人和加工中心等）工作的技术工人所需要的知识，约有一半是介于经验性和学科理论知识之间的一种特殊的知识，即工作过程知识。工作过程知识是在工作过程中直接需要的（区别于学科系统化的知识），常常是在工作过程中获得的知识（包括理论知识）。工作过程知识与实践性知识以及理论性知识的关系见图1-1。

例如，工人在普通机床上手工进刀时会感到刀具和机床的载荷，但在操作数控机床上就不能甚至看不到切削过程，感性认识减少到只能分辨声音。

图1-1 实践性知识、理论性知识与工作过程知识的关系

现代机械加工依靠字符和图形来显示这些间接感觉，只有经验丰富的工人才能成功表达出他的感性经验，并对加工程序进行优化。这里起重要作用的就是工作过程知识。

现代社会科学技术的日新月异，使得现代人力资源开发的重心已从储存和模仿能力转向创造能力，变继承为开发和创新。它既要满足企业对劳动者素质、对劳动力支配权的要求，又使个人发展富有活力，并按照团队要求实现个人需求，最终促进企业和社会的发展。因此，传统的灌输式教学方法在许多方面已经变得无能为力。

（二）高等职业教育对社会发展需求的反应

高等职业教育不仅能使学生在职业生涯的阶梯上稳健地迈出第一步，而且能可持续发展，以获得更大的成功。所以，高等职业教育应着眼于学生整个职业生涯的发展和成功，为学生职业发展提供具有发展潜力的课程，使学生具备必备的职业行动能力，尤其是关键能力。这应作为课程构建的最基本依据。课程建设依据分析见图1-2。

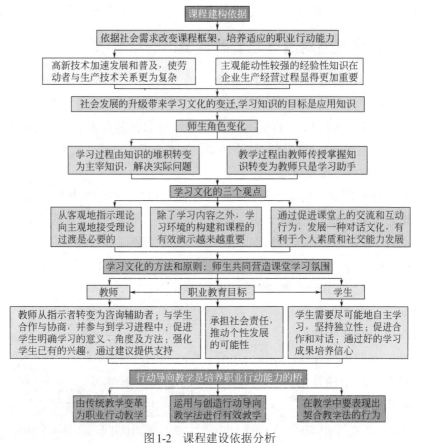

图1-2　课程建设依据分析

4

二、高等职业教育的教育教学目标

高等职业教育的教育教学目标见图1-3。

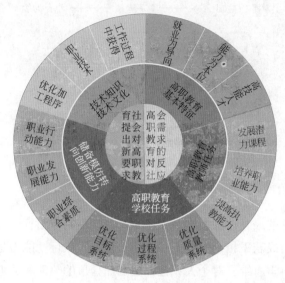

图1-3　高等职业教育的教学目标

（一）高等职业教育的社会定位及教育教学基本特征

高等职业教育是以培养现代企业所需的高技能人才为目标，向学生传授技术知识，培养职业行动能力的技术文化教育。高技能人才的四大核心要素是具有良好的职业道德、精湛的专业技能、能在关键环节发挥作用、能够解决生产操作难题。因此，高等职业教育的教育教学工作原则应以就业为导向，以能力为本位；高职教育的教学过程应在学校实践和职业实践之间展开。

高职教育的社会定位见图1-4。

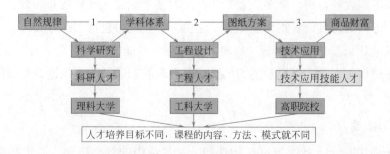

图1-4　高职教育的社会定位

（二）高等职业教育的教学目标

高等职业教育的教学目标见图1-5。

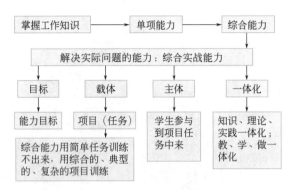

图1-5　高等职业教育的教学目标

高等职业教育的最直接的教学目标就是培养学生的职业行动能力。职业行动能力是人们从事一门或若干相近职业所必备的本领。职业行动能力是个体在职业、社会和私人情境中科学思维、对个人和社会负责任行事的热情和能力，是科学的工作和学习方法的基础。

按照不同的分类依据，可以对职业行动能力从不同的方面进行分类：从能力的组成元素上讲，职业行动能力包括有关的知识、技能、行为态度和职业经验成分等；从能力所涉及的内容范围上，可分为专业能力、方法能力和社会能力三部分，其中方法能力和社会能力的组合构成了功能外的跨职业的"人性能力"。

1. 专业能力

专业能力是在特定方法引导下有目的、合理利用专业知识和技能独立解决问题并评价成果的能力。它是职业业务范围内的能力，包括单项的技能与知识、综合的技能与知识。

在高等职业教育中，学生主要是通过学习某个职业（或专业）的专业知识、技能、行为方式的态度而获得专业能力。通常，专业能力包括工作方式方法、对劳动生产工具的认识及使用和对劳动材料的认识等。专业能力是劳动者胜任职业工作、赖以生存的核心本领，对专业能力的要求是合理的知能结构，强调专业的应用性与针对性。

2. 方法能力

方法能力是个人对在家庭、职业和公共生活中的发展机遇、要求和限制做出解释、思考和评判并开发自己的智力、设计发展道路的能力和愿望。它特别指独立学习、获取新知识技能的能力，如在给定工作任务后，独立寻找解决问题的途径，把已获得的知识、技能和经验运用到新的实践中等。方法能力还包括制订工作计划、工作过程和产品质量的自我控制和管理以及工作评价（自我评价和他人评价）。

方法能力是基本发展能力。它是劳动者在职业生涯中不断获取新的技能与知识、掌握新方法的重要手段。对方法能力的要求是科学的思维模式，强调方法的逻辑性、合理性。

3. 社会能力

社会能力是经历和构建社会关系、感受和理解他人的奉献和冲突，并负责任地与他人相处的能力和愿望。社会能力是与他人交往、合作、共同生活和工作的能力，包括工作中的人际交流（伙伴式的交流方式、利益冲突的处理等）、公共关系（与同龄人相处的能力、在小组工作中的合作能力、交流与协商的能力、批评与自我批评的能力）、劳动组织能力（企业机构组织和生产作业组织、劳动安全等）、群体意识和社会责任心。

社会能力既是基本生存能力，又是基本发展能力，它是劳动者在职业活动中，特别是在一个开放的社会生活中必须具备的基本素质。对社会能力的要求是积极的人生态度，它强调对社会的适应性和行为的规范性。

由于方法能力和社会能力与专门的职业技能知识无直接联系，当职业发生变更，或者当劳动组织发生变化时，劳动者所具备的这一能力依然存在，因此是一种跨职业的能力。在国外，人们把它称为"人格"或"人性"能力。这说明，以能力为导向的高等职业教育本身就是以人为本的。

在教育教学中，专业能力、方法能力和社会能力的培养不是截然分开的，而是交叉进行的。职业教育的教学过程需要将专业教学与能力培养的目标有机结合起来进行。

方法能力和社会能力的融合构成了关键能力。关键能力是对那些与具体工作任务和专门技能或知识无关的，但是对现代生产和社会顺利运转起着关键作用的能力的总称。德国西门子（Siemens）公司在一系列典型实验的基础上，在世界上最先开发出了一个系统培养从事高技术和复杂工作人员关键能力的一揽子方案，起名为"以培训和迁移为导向的培训"（简写为PETRA），培训方案把关键能力分为"组织与完成生产、练习任务"、"信息交流与合作"和"承受力"等5大类（表1-1）。可采用PETRA培训方案进行教学改革，全面提高职业人才的整体素质。

表1-1　现代企业员工应当具备的"关键能力"

组织与完成生产、练习任务	信息交流与合作	应用科学的学习和工作方法	独立性与责任心	承受力
目标坚定性	口头表达能力	学习积极性	可靠性	精力集中
细心	文字表达能力	学习方法	纪律性	耐力
准确	客观性	识图能力	质量意识	适应新环
自我控制	合作能力	逻辑思维能力	安全意识	境的能力
系统工作方法	同情心	想象能力	自信心	
最佳工作方法	顾客至上	抽象能力	决策能力	
组织能力	环境适应能力	系统思维能力	自我批评能力	
灵活性	社会责任感	分析能力	评判能力	
协调能力	公正	创造能力	全面处理事物的能力	
	助人为乐	触类旁通能力		
	光明磊落	在实践中运用理论知识的能力		

三、高等职业学校的重要职责

（一）高等职业学校的重要任务

作为实现高等职业教育的载体——学校，一个重要的任务是培养教师"双师素质"，把高职教育人才培养理念融入到课堂教学之中，提高教师的高职教育教学执教能力，即职教课程开发与教学设计能力，使教师能够在教学中以能力为中心，以学生为主体，以职业活动为导向，围绕着职业行动能力训练来设计课程内容、组织教学、选择和运用教学方法，从而实现高等职业教育的教育教学目标。为此，要解决三个问题。

1. 优化人才培养的目标系统

核心主题是人才培养方案制订与审核。在这个过程中需要解决两个关键问题：一是人才培养目标定位是什么？二是主流教育模式是什么？在这里需要切记：没有实践的理论使人盲目！没有理论的实践使人愚蠢！

2. 优化人才培养的过程系统

核心主题是如何对教师的教学质量、专业建设与教学改革以及学风等评估。在这个过程中需要解决两个关键问题：一是怎样着眼于大面积提高学生的综合素质和职业行动能力？二是如何保证教学过程的评价指标与学生实际能力的考核指标的相近性和一致性？

3. 优化人才培养的质量系统

核心主题是如何对基本理论与基本技能、毕业论文（设计）选题与质量、思想道德素养与文化心理素养等评估。在这个过程中需要解决四个关键问题：一是基本理论与基本技能是什么？二是课程改革改什么？三是课程改革的质量标准是什么？四是如何按照人才培养模式要求，抓住起决定作用的主要教学环节的质量？

　　带着这些问题，多年来课程组一直致力于建构有效的教学行为系统的研究，见图1-6。

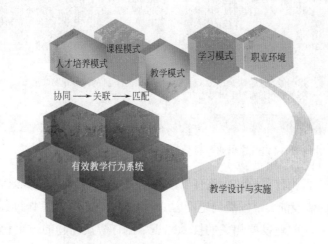

图1-6　有效教学行为系统模型

（二）高等职业教育教师的职业能力

　　作为实现高等职业教育的主体教师，应该具有双重实践特征，一是作为职业教育教师的教学实践，它存在于教学的具体组织与实施过程中，二是作为专业技术人员的生产实践，它存在于生产劳动的具体组织与实施过程中。所以，高等职业教育教师的课程开发能力、专业教学能力、专业实践能力、学习与反思能力决定了教师所开发、设计及实施的课程的效果和特色。课程开发不仅是改革传统的学科课程体系，更重要的是要考虑适应不断发展变化的现代技术和职业岗位的需要。高职教师要学会"教、学、做一体化"的教学设计与实施，会进行基于工作过程的教学内容设计、行动导向的教学过程设计（包括教学情境、教学方法以及教学评价的设计）以及指导学生专业学习与实践（引导学生自主学习，熟悉专业工作现场要求，示范规范的专业技能操作和专业实践指导）。这些工作的效果与程度能够反映出教师的专业技术水平、专业实践经验以及对行业和专业的熟悉程度；更能反映出教师的学习与反思能力，面对课程改革中出现的各种新的教育思想、资源、手段和方法等新事物，教师不能简单地拿来、复制与粘贴，而要做出科学分析，结合学校、学生的实际情况及自身优势，为我所用，促进自己的教育教学实践，追求理论与实践的统一；同时也能折射出教师的技术开发与服务能力和教育教学研究能力，见图1-7。

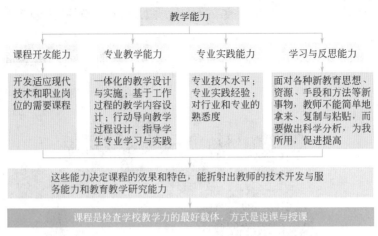

图1-7 高等职业教育教师的职业教学能力之间的关系

所以，高等职业教育教师应该有以下基本能力：科学研究、理论功底、操作技能；专业知识的传授能力；发现问题能力；熟悉相关职业领域工作过程知识的能力；掌握与工作过程和职业发展相关的技术知识；制订解决问题的方案和策略的能力；从教育学角度将专业知识融入职业教学的能力；遵循职业教学理论将工作过程知识融入课程中，并通过行动导向教学实现职业行动能力培养目标的能力，见图1-8。

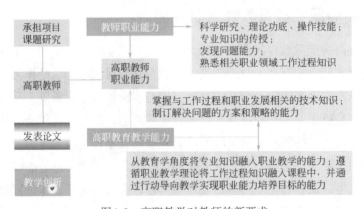

图1-8 高职教学对教师的新要求

（三）高等职业教育教师的根本任务

高等职业院校教师的根本任务就是要确立能力本位的思想，为学生职业发展提供具有发展潜力的课程，使学生具备必备的职业行动能力，尤其是关键能力；将知识储备型课程转变成能力储备型课程，使学生全面具备道德、素质、技能、知识，并可持续发展，能从一线起步，创新创业，迅速升到应该到达的岗位。

第二章
"基于行动导向整合式基础化学项目课程新模式"的建构依据

一、对课程的再认识

高等职业教育至今仍是一个有待于理论丰富和方法创新的领域，而课程作为该领域中最重要的基本单元承载着培养学生知识、能力、素质的主要任务，是直接影响人才培养质量的最活跃因素。因此，加强高等职业教育课程的基础理论研究是解决课程质量问题的关键所在。课程组开展了如下学习与研究。

（1）为了提升职业教育课程理论的科学水平，围绕职业教育课程理论的演进历程，系统梳理从俄罗斯制到MES课程、CBE课程和学习领域课程这些基于职业行动能力的课程理论的发展脉络。把握这些理论的实质及其发展路径之后，进行了三个方面的研究。

① 课程基础理论：主要研究了课程的本质、课程的结构与构成、课程模式；课程设计的价值取向、基本思路和方法；课程标准及其设计；教材编写的理论和方法。

② 课程改革理论与方法：主要研究了课程改革的实质和价值取向，课程改革的基本理论和原则，课程改革的动力机制，课程改革的实施方法等。

③ 课程改革质量评价的研究：主要研究了课程改革的质量标准和评价指标体系，课程评价的内涵、功能与价值取向；课程评价的模式和方法；课程评价的过程和程序。对职业教育的内涵与特征进行了系统探讨。

（2）围绕学问化与职业化这一命题，学习和研究有内在逻辑联系的学科论与职业论、普通论与专业论、基础论与实用论。学科论与职业论强调的是职业教育课程内容该按照何种原则进行选择和组织，普通论和专业论强调的主要是课程内容的范围，基础论与实用论强调的主要是课程内容的性质。在此基础上，探讨专业课程和基础课程之间的关系；讨论课程的目标定位与内容选择两个密切相关的问题。

二、对课程与教学关系的再认识

（1）课程与教学是紧密互动的两个领域。教师不仅要学习教学方法和组织管理方法，同时也要学一些课程理论，至少对其所承担的课程的设计思想应有非常深入的了解，否则就只能是教教材，沦为教书匠。许多教师尽管对教案进行了精心设计，但其教学过程的形态并无实质性改变，这说明只在具体方法上努力，而不深入理解课程，是难以大幅度提高教学水平的。优秀的教师必然是对课程有着精深研究的教师。

（2）课程理论研究者与开发者也应当深入了解教学过程，具备丰富的教学经验。因为课程是服务于教学需要的，许多课程改革源于实施新教学模式的需要。在很多情况中，是先有了教学模式创新的要求，然后刺激了为新教学模式设计相应的课程模式的要求。缺乏实际教学经验的课程理论研究者与开发者往往难以提出切实可行的课程改革方案。

（3）课程与教学不仅存在紧密的互动关系，而且二者之间存在交叉与衔接点，这个点就是教材与教案。教材属于课程的要素，教案属于教学的要素。教材是课程理念的物化载体，而教案是教师对教材处理后用于教学的方案。设计教材是为了满足教学需要，而教案设计是依据教材进行的，这就引出了一个问题，即教材设计到什么程度。教材设计如果更多地考虑了教学过程，那么这种教材几乎可以替代教案，教师教学时只需根据教学实际情况对教材做些简单调整；教材设计如果更多地考虑了内容陈述，那么教师就需要根据教学过程对教材进行复杂加工。教材应设计到什么程度，即应把这种交叉与衔接点置于课程与教学之间的哪个位置，取决于相应的课程理念。

三、项目课程

（一）项目课程的本质

职业行动能力即知识与工作任务的联系。纯粹的知识不是职业行动能力，纯粹的工作任务也不是职业行动能力，只有当知识与工作任务相结合，个体能富有智慧地完成工作任务时，才能说他具备了职业行动能力。

要有效地培养学生的职业行动能力，就必须帮助学生努力在与工作任务的联系过程中去学习知识，也就必须彻底改变过去与任务相脱离、单纯学习知识的学科课程模式。项目课程认为，不仅仅知识与技能是课程内容，而且知识与工作任务的联系也是重要的课程内容；职业教育课程必须彻底打破按照知识本身的相关性组织课程的传统模式，要按照工作任务的相关性来组织课程。

（二）项目课程结构

课程结构指课程之间的组合关系，以及一门课程内部知识的组织方式。课程结构是影响学生职业行动能力形成的重要变量。职业教育课程不仅要关注让学生获得哪些工作知识，而且要关注让学生以什么结构来获得这些知识。因为，项目课程既要求课程设置反映工作体系的结构，也要求按照工作过程中的知识组织方式组织课程内容。因此，项目课程的核心理念是结构主义。

1. 遵循工作逻辑关系，建立项目课程的结构

以工作结构为基本依据开发职业教育课程结构，不仅要求职业教育课程的宏观结构应当以工作结构为基本依据，而且其微观结构也应当以工作结构为基本依据。即课程（或教材）内容的组织模式应当以工作过程中的知识关系为基本依据，而不能以静态的知识关系为依据。在这种动态的工作过程中，理论与实践、知识与任务的关系是背景与焦点的关系（见图2-1）。要有效地培养学生的职业行动能力，就应当按照知识与任务的焦点与背景关系重构职业教育课程（或教材）模式。重构过程中，要打破知识的学科逻辑，遵循工作逻辑建立项目课程结构，寻找到每个专业（课程）所特有的工作逻辑。

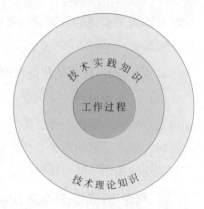

图2-1 工作过程中任务与知识的焦点与背景关系

2. 按照行动导向教学方式，组织项目课程教学活动

项目课程是以典型产品为载体来设计教学活动，整个教学过程最终要指向让学生获得一个具有实际价值的产品，这个产品既可以理解为制作的一个物品，也可以理解为排除的一个故障，还可以理解为所提供的一项服务。这是项目课程的一条重要而富有特色的原理。这种课程把实践理解为过程与结果的统一体，认为实践只有指向获得产品才具有意义，才能达到激发学生学习动机的目的。因此，在项目课程的教学过程中，教师要善于以作为工作任务结果的产品为引导，激发学生的学习动机，让学生更加深刻地体验工作体系。

（三）项目课程与理论知识的关系

项目课程是否只强调技能训练，弱化理论知识的学习？实施项目课程是否会把职业教育变为职业培训，影响学生就业适应能力的发展？正确理解项目课程对理论

知识的态度与处理方式，是准确地进行项目课程开发的关键。

提升学生的职业就业能力，培养学生的职业发展与适应能力是项目课程的首要目标。问题的关键在于如何才能提高学生的就业竞争能力、培养学生的职业适应能力，也就是解决学生的在校成绩与他们的职业成就之间的最大相关度问题。

1. 掌握扎实的相关理论知识是现代技术应用型人才形成的必要条件

以科学为基础的理论技术在工作情境中的广泛应用，使得工作性质发生了根本变化。在目标上，现代职业教育不能仅仅满足于重复性动作技能训练，而必须努力培养学生在复杂的工作情境中进行分析、判断，并采取行动的能力，这种能力是需要深厚的理论知识做支持的。因此，要提高学生的职业发展与适应能力，掌握相关的理论知识是必要的，并且只要时间与学习能力允许，理论知识掌握得越多越好，但在实践中，限制这两个变量的因素往往比较多。

2. 理论知识并非是获得职业发展与适应能力的充分条件

现代技术应用型人才不掌握理论知识肯定是不够的，但仅仅孤立地掌握理论知识也是不够的，要在工作任务与知识之间建立联系，按照工作体系的结构来设计课程结构。概念层面的理论知识对提高学生就业适应能力并无太多价值，只有当学生掌握的理论知识被情境化时，这一功能才能显现。

3. 将理论知识以符合能力生长顺序的方式传授给学生

将源于建筑学思维模式转化为源于生物学思维模式，将理论知识以符合能力生长顺序的方式传授给学生。个体能力发展过程其实就是其生长过程，它遵循一定的生长顺序，职业教育课程展开顺序必须与其相对应。以建构主义、情境理论为基础，引导学生在完成工作任务的过程中主动建构理论知识。把"厚理论"作为学习的终点或目标，而不是学习的起点。

（四）项目课程与CBE课程的区别

工作分析是世界主流职业教育课程模式的共同开发技术，在这一技术框架下，存在着多种职业教育课程模式，如 MES课程、CBE课程、学习领域等。项目课程沿用了CBE以工作分析为课程开发起点与依据的技术。项目课程相对于CBE课程在理论与方法上有许多发展，因此它并非CBE课程的简单翻版，而是在广泛吸收现代知识理论、学习理论、职业教育课程理论等相关理论的基础上，针对我国职业教育所面临的现实问题所建构的一个理论新框架，它和CBE课程有许多重要区别，见表2-1。

表2-1 项目课程与CBE课程的区别

项目课程	CBE课程
以工作任务分析为课程开发的起点，按照"课程"形式来整合工作分析结果，实现工作体系到课程体系的转换、职业行动能力标准到课程标准的转换	以工作任务分析为课程开发的起点，一个工作任务一个学习包，专业课程体系为零散的"学习包"
除了关注工作过程所需要的知识、技能和态度外，还关注工作任务本身，尤其关注知识与工作任务之间的联系，并作为重要的课程内容	关注的仅仅是工作任务中的知识、技能和态度
关注工作任务之间的逻辑关系，要求寻找到不同专业面向的工作体系所特有的工作逻辑	关注的更多的是一个个孤立的工作任务
课程设计的参照点是应用知识、技能所获得的结果，过程与结果统一，脱离了把实践简单地理解为技能训练的传统狭隘观点，把它看作在职业情境中进行的一种社会过程，使得实践教学得以回归本质	课程设计的参照点是知识、技能等过程要素

（1）尽管项目课程和CBE课程都以工作任务分析为课程开发的起点，但是二者对分析结果的处理完全不同。CBE课程把所获得的每一个工作任务作为一个学习包，分别让学生学习，因此往往是一个专业有100多个学习包。但是，我国职业学校的课程管理与教学过程不太习惯国外这种过于零散的"学习包"形式，这是CBE课程一直未能在我国得到实际应用的重要原因。而按照"课程"形式来整合工作分析结果，是项目课程重点要解决的问题，这一步工作在项目课程开发中即是课程分析，其目的是实现两个基本转换，即工作体系到课程体系的转换、职业行动能力标准到课程标准的转换。

（2）CBE课程尽管也以工作任务分析为课程开发的起点，但其关注的仅仅是工作任务中的知识、技能和态度。也就是说，工作过程中工作任务本身的价值没有得到足够重视，也没有作为重要的课程内容。而项目课程除了关注工作过程所需要的知识、技能和态度外，还关注工作任务本身，尤其关注知识与工作任务之间的联系。在项目课程中，工作任务、知识与工作任务之间的联系均是重要的课程内容，在教材中需要对之进行明确和细致的阐述。

（3）项目课程非常关注工作任务之间的逻辑关系，要求寻找到不同专业面向的工作体系所特有的工作逻辑。无论是在工作分析中，还是在课程设计中，均要求充分体现这一原理。而CBE课程所关注的更多的是一个个孤立的工作任务，并没有充分地重视这些任务之间的逻辑联系。

（4）在教材设计与教学过程中，CBE课程设计的参照点是知识、技能这些过程要素，而项目课程设计的参照点是应用知识、技能所获得的结果。不同的参照点，体现了完全不同的实践观。项目课程以结果为参照点，把过程与结果统一起来，脱离了把实践简单地理解为技能训练的传统狭隘观点，而是把它看作在职业情境中进行的一种社会过程，使得实践教学得以回归本质。

总之，项目课程需要从学校、社会、文化与知识角度解读职业与工作，这是多年来挖掘项目课程开发的有效路径，也是创设项目课程学习情境的可行方式。

四、行动导向教学

（一）行动导向学习理论

行动导向学习理论起源于改革教育学派的学习理论，它与认知学习有紧密的联系，都是探讨认知结构与个体活动间的关系。不同的是，行动导向以人为本，认为人是主动、不断优化和自我负责的，能在实现既定目标的过程中进行批判性的自我反馈，关键是学习者的主动性的自我负责。学习不再是外部控制（如行为主义），而是一个自我控制的过程。

在行动导向理论中，"行动"是达到给定或自己设定目标的有意识的行为，学习者能从多种可能性中选择行动方式。在行动前，他能对可能的行动后果进行预测，通过"有计划的行动"，学习者个人可以有意识地、有目标地影响环境。

在行动导向学习中要想达到学习目标，必须扫除一定的学习障碍，因此有针对性地解决问题是关键，其基础是具备相应知识基础和实用战略。

行动导向学习的核心是有目的地扩大和改善个体活动模式，其关键是学习者的主动性和自我负责，即学习者在很大程度上对学习过程进行自我管理。行动导向强调学习者对学习过程的批评和反馈，即学习评价。评价的重点是获取加工信息和解决问题的方法，包括自我评价和外部评价。

行动导向学习理论将认知学习过程与职业行动结合在一起，将学习者个体活动和学习过程与适合外界要求的行动空间结合起来，扩展学习者的行动空间，提高个体行动上的角色能力，对创新意识和解决问题能力的发展具有极大的促进作用。

（二）行动导向的教学

行动导向是指由师生共同确定的行动产品来引导教学组织过程，学生通过主动和全面的学习，达到脑力劳动与体力劳动的统一。行动导向的教学一般采用跨学科的综合课程模式，不强调知识的学科系统性。重视"案例"和"解决问题"以及学生自我管理式学习。教师的任务是为学习者提供咨询帮助，并与其一道对学习过程和结果进行评估。阿诺尔德教授等将行动导向教学的过程划分为"接受任务"、"有产出的独立工作"、"展示成果"和"总结谈话"等4个必须经历的学习环节。

（三）行动导向教学的特点

高等职业教育将发展职业行动能力和促进人的全面发展为目标。要实现这一目标，必须在教学策略上进行根本的改革，通过研究开放式的认识思维方式，在自我控制和合作式的学习环境中，构建解决问题的方案（包括形式和途径等）。在教学形式上，从以教师为中心的线形传授（图2-2）向以学生为中心的网络化自学转化（图2-3）。

图2-2 以教师为中心的线形传授方式
（阿诺尔德，1998）

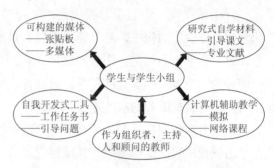

图2-3 以学生为中心的网络化自学方式
（阿诺尔德，1998）

行动导向教学的主要特点如下。

① 倡导学生参与"教"与"学"的全过程，具有激励学生学习热情的作用和焕发学生内在学习动机的功能。

② 具有针对性强、效率高的特点。以"学习任务"为载体，引导学生自主学习和探索。

③ 可以发挥每个学生的主体作用，在使每个学生成为积极参加者的同时，又能毫无顾忌地大胆展现个人才华和发表各自的见解。

④ 具有跨学科的教学特点，不是以完整的学科系统施教，而是注重相关学科的互相关系，培养综合分析能力和发展思维技能。

⑤ 具有团队合作的精神，在发挥参与性与建立自信心的同时，团队（小组）的自豪感及胜利喜悦使内聚力得以加强。

⑥ 教师模仿伙伴、咨询员、朋友、主持人等角色，在充分发挥教师作用的同时，又对教师提出了"一体化"的新要求，既要掌握本专业的基本知识，又要具备该专业领域的娴熟技能。

⑦ 创造了一种培养组织能力的环境，学生的团队活动和教师的组织学习都突出了一种"以学为本，以学论教"的原则，使学生在学习时能关注别人的观点，复述他人的关键词，与他人共同讨论并完善和加深所学知识的相关性和完整性。

（四）行动导向教学的课程模式

行动导向教学是以职业活动为基础，而不是以学科体系为基础，它综合考虑了职业活动对人的知识、技能、态度、行动诸多方面的需求，也考虑了职业活动中对人的心、手、脑协调作用的要求，从而形成了对人的综合职业行动能力的标准体系。由此提出了能综合上述诸多要素的、能达到上述培养目标的、全新的高等职业教育课程观。所以，行动导向教学的课程模式是建立在职业行动基础之上的工作过程系统化的现代职业教育的课程模式。学习领域课程是此模式的典型代表，学习领域课程是以项目课程为基础的。

1. 学习领域

行动导向教学中的学习领域是一个跨学科的课程计划，是案例性的经过系统化教学处理的行动领域，是以能力本位为基础、职业活动为背景的新的课程结构元素。每一个学习领域是一个学习课题。通过一个学习领域的学习，学生可以完成某一职业的一个典型的综合性任务。通过若干个相互关联的所有学习领域的学习，学生可以获得某一职业的从业能力和资格。

一个专业的课程体系如果是学习领域课程体系，那么这个课程体系中的课程就是学习领域课程，这样的学习领域课程体系对应的是一个职业（或岗位群）的培养目标与任务。一个职业（或专业）的学习领域的个数，是由该职业的具体任务和活动特点确定的，因此一般没有特定的数量规定。

学习领域的学习内容是由多个相互关联的学习领域的学习课题组合而成，它与专门的职业行动领域里的专业工作对象有直接关系。在学习领域课程计划中，每个学习领域的规定内容包括：学习目标表述、能力描述和学习内容说明等。

2. 职业行动领域

行动领域是一个综合性的任务，它产生于人们在职业或社会生活中的重要活动情境中，一般以问题的形式表述。行动领域是技术、职业、社会和个人问题的组合。行动领域涵盖了在学校的学习及在企业的工作和学习这两个学习场所的学习领域。学校的学习领域解决"为工作而学习"，企业的学习领域解决"在工作中的学习"。职业行动领域见图2-4。

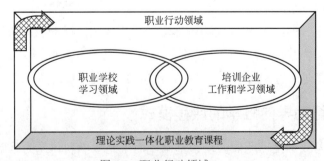

图2-4　职业行动领域

3. 学习领域课程的特点

学习领域课程的学习是工作过程系统化的行动导向的学习。学生在教师指导下，通过学习处理实际问题，总结提炼出具体的专业、职业知识（包括劳动过程知识）及技能，并积累经验；通过抽象思维和处理综合性问题，学习对整个职业行动过程的反思，并最终获得控制工作过程的能力，以最快的速度获取包括专业能力、方法能力和社会能力的职业行动能力。所以，学习领域是学生获得有效教育的信息载体。学习领域课程与传统学科课程的区别如表2-2所示。

表2-2　学习领域课程与传统学科课程比较

学习领域课程模式	传统学科课程模式
以职业行动为导向的教学理论	学习目标导向的理论教学
跨学科的任务	学科划分详细
在教学中独立计划、实施和控制	教师教授为导向的教学
注重职业和社会行动能力培养	传授事实知识为重点
注重关键能力培养	以知识储备为目的的教学
行动导向教学，开放式学习情境	纯语言传授，封闭式学习情境
多样化课程，个性化内容	一般性课程，内容针对群体

学习领域课程的特点如下。

① 工作过程整体性。学习领域反映出了完成工作任务的完整工作过程。教学内容是职业的专业内容，是劳动工具、方法和劳动组织方式的有机整体，而不是工作中可能涉及的某个学科的专业知识。

② 促进人的全面发展。人的个性发展是知识、技能和经验的整合。学习领域将专业学习、开发和研究性学习等结合在一起，强调学生通过实践增强创新意识和能力，学习科学的工作和学习方法，发展解决综合问题的能力，增进学习、工作与发展的密切联系。

③ 开放性与生成性相统一。学习领域课程强调学习者与学习情境的交互作用，教学行动不是根据预定目标的"机械装配"过程。尽管有整体教学计划，但学习领域课程更强调随着学习行动的展开和行动情境的需要，不断生成新的学习目标。学生在这个开放的学习过程中认识和体验不断加深。

④ 普遍性与特殊性的统一。开发学习领域课程的基础是对行业甚至全国典型企业的实际情况进行分析。但教师在设计具体的学习情境时，又在很大程度上照顾了本地区的企业和行业特殊情况。这样，既实现了统一的基本教学标准，又能在具体的职业环境中培养学生解决问题的能力（只有这种能力是可以迁移的）。

⑤ 在教学实践中，学习领域课程强调学生的亲身经历，要求学生在实验和探究行动中发现和解决问题，体验和感受工作过程。这样，不但纯专业性的知识和职业行动领域之间的矛盾迎刃而解，而且实现了从抽象的知识到具体行动的迁移。在

此，项目教学、案例教学和角色扮演教学法等发挥着重要的作用。

（五）行动导向教学的教与学的过程

1. 教师与学生的关系

行动导向教学的教与学的过程中，突出以学生为中心，教师则充当主持人的特殊角色。该教学中师生双边活动的内涵与过程如图2-5所示。

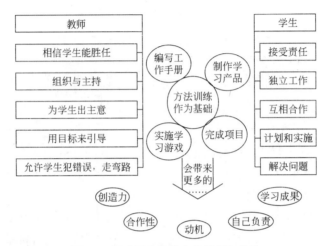

图2-5　行动导向教学中的教师与学生

2. 教师的作用

在实施行动导向教学的过程中，教师的角色从知识的传授者成为一个咨询者、指导者和主持人。评价主持人，不能只看他主持的技巧。主持人是方法上的牵头人、问题上的策划者、活动中的组织者。教师要把握一节课的流程，允许学生有错误，一开始不要对具体工作负责任，只有当保证结果正确时，才纠正可能出现的错误。教师作为主持人，在教学活动过程中应做到以下方面。

① 不是展示专业能力，而是做好充分准备工作。

② 要控制学生的学习过程，而不是控制学习内容。

③ 不是小组的领导，而是小组工作方法的辅助者。

④ 不需讲很多话，要学会保留自己的意见。

⑤ 是整个活动的发起者、促进者、引导者，并掌握活动全过程。

⑥ 要学会处理意外结果，以免破坏活动环境或气氛。

⑦ 必须正确描述问题，明确工作指令。

⑧ 要不断激励学生的学习积极性。

行动导向教学要求教师当主持人，还有以下要求与内涵。

（1）教师新角色

① 教师的主要职能必须从"授"转变为"导"，包括引导、指导、诱导、辅导、教导、导向。教师应是一名研究型学者。

② 是课程开发与学生智能开发相结合的高明设计师。

③ 是经精心加工后的信息资源的供给者和咨询者，是助手与顾问。

④ 是学生学习过程的合作伙伴与拉拉队长。

⑤ 是良好学习环境的策划者与创意者。

（2）教师的新观点

① 教师与学生是平等的，教师不再是知识的权威和象征。

② 学生是独立的主体，其学习已不仅是求知学技，还需伴随交往、选择、追求、创造与情感的领悟。

③ 善待学生的天性，遵从学生的个性，相信每个学生都有潜能可挖，对每个学生的发展充满信心。

④ 对每个学生宽容，允许学生失误，容忍"差生"现象存在。

⑤ 学生知识与技能的增长与能力发展同步，两者不可偏废，缺一不可。

⑥ 学生自己对学习负责，而不是对教师负责。

3. 学生互相合作解决实际问题

所有需要学生解决的问题都是在教师引导下由学生共同参与，共同承担不同的角色，在互相合作的过程中使问题最终获得解决。解决问题的过程既是学生们学会学习的过程，也是学生们获得经验的过程。

4. 学生参加全部教学过程

从信息的收集、计划的制订、方案的选择、目标的实施、信息的反馈到成果的评价，学生参与问题解决的整个过程。这样，学生既了解总体，又清楚了每一具体环节的细节。

5. 学生表现出强烈的学习愿望

学生强烈的学习愿望和积极的参与的原因，一方面是内在的，包括好奇、求知欲、兴趣的提高；另一方面是外在的，包括教师的鼓励、学生的配合，取得成果之后的喜悦等。

（六）行动导向教学的教学方式和方法

行动导向教学的教学内容多为结构较为复杂的综合性问题，与职业实践或日常生活有密切关系。处理解决这些问题，一方面要按照工作过程系统化的原则进行，一方面可促进跨学科知识的学习。同时，行动导向教学多以小组形式进行，强调合作与交流，一个教学单元中一般不只采用一种教学方法，而是综合运用多种方法，学生具有尝试新活动方式的实践空间。根据教学方法的复杂程度，行动导向教学可分为三种教学方式，见表2-3。

表2-3　行动导向教学的教学方式

教学方式	主要教学过程
实验导向性教学	制定实验计划、进行实验评价结果，目的主要是解决实际技术问题
问题导向性教学	理清问题实质、确定结构、解决问题、明确在实际中应用结果，目的主要是培养技术思维能力
项目导向性教学	按照完整的工作过程（获取信息、制订计划、决策、实施计划、质量控制、评估反馈）进行，全面培养技术、社会、经济和政治等方面的能力，促进创新精神的发展

在教学方法上，行动导向教学有一套可单项使用也可综合运用的教学方法（表2-4），可以根据学习内容和教学目标选择使用。

表2-4　行动导向教学方法

方法类别	教学法	定义	教学活动	注意的问题
目标单一的知识传授与技能教学方法	谈话教学法	通过师生之间的谈话进行教学的方法，适合个体化教学辅导。教师是教学活动的引导者和组织者，学生是受动者	①教师采用讲解式教学引入谈话，让学生了解学习的目的和内容。学生回忆已学过的相关知识或经验，收集专业信息。②师生共同讨论定义和表述单元学习课题名称，讨论学习内容应掌握的程度，并准确地将其用文字表达出来。③对谈话课题的范围进行界定，并按照逻辑关系划分段落，保证讨论内容始终集中在共同确定的主题范围内。④讨论。师生交流信息资料和个人意见，共同寻找解决问题的途径。⑤学生针对主题阐述个人意见。⑥总结讨论成果，可由学生先总结，教师整理学生的总结结果后做最后定论	教师应调动所有学生的积极性，及时补充意见，保证学习顺利进行并达到所设定的学习目标。由于这种教学法的信息传播是多方向的，师生关系、同学关系不是固定的，所以建立一种民主的交流气氛特别重要。但教师应当注意，当学生基本知识和经验不足而影响学习进程时，也可采用提问式教学对学生提供帮助
	四阶段教学法	把教学过程分为准备、教师示范、学生模仿和练习总结四个阶段进行的程序化的技能训练的教学方法	①准备：教师通过设置问题情境，说明学习内容的意义，调动学生的积极性，主要教学方式为讲解。②教师示范：与演示相比，示范的主要目的不仅是让学生获得感性知识和加深理解，而且要让学生知道教师操作的程序，即"怎样做"，他们接着也要这样做。③学生模仿：学生按示范步骤重复教师的操作，必要时解释做什么、为什么这么做。教师观察学生模仿过程，得到反馈信息。④练习总结：教师布置练习任务让学生独立完成，自己在旁边监督、观察整个练习过程，检查练习结果，纠正出现的错误。教师还可将整个教学内容进行归纳总结，重复重点和难点	四阶段教学法的学习过程与人类认知学习的规律极为相近，学生能够在较短的时间里掌握学习内容，从而达到学习目标。但是，由于学生没有机会尝试自己的想法，而必须模仿教师的"正确做法"，因而限制了创造性的发挥

续表

方法类别	教学法	定义	教学活动	注意的问题
目标单一的知识传授与技能教学方法	七阶段教学法	把教学过程分为计划（教师准备）、激励（学习积极性）、提供信息（讲解）、示范（演示）、模仿（包括学生解释）、试验（检验）和练习（独立操作）七个阶段进行的程序化的技能训练的教学方法	①激励：教师唤醒学生的学习积极性，讲明目标和学习任务。采用讲解、提问或启发式教学。②遭遇困难：学生学习教学内容，了解学习中的困难。教师发现学生错误。常采用展开式或自学式教学。③寻找解决问题的方法：学生找出或由教师指出解决问题的方法。采用传授式、展开式或自学式教学。④试验：这一过程可通过"思维想象"实现，但最好采用以学生为中心的方式。⑤记忆与掌握：所学内容应被长期保留。适合采用练习式教学。⑥运用：学生把所学知识、技能或行动方式运用到日常的职业行动中。采用练习和展开式教学	七阶段教学方法以"示范——模仿"为核心
行为调整和心理训练的教学方法	角色扮演法	通过行动来学会处理问题的教学方法。目的就是培养学生学会如何正确地去确认角色，了解角色内涵，从速进入角色，圆满完成角色承担的工作任务	①使小组活跃起来：认定或提出问题，使问题明确起来，解释问题，探讨争端说明。②分析角色，挑选角色扮演者。③布置场景：划定表演者的行动过程，再次说明角色，保持气氛轻松。④培训观察：决定要注意哪些方面，指定观察任务，做好分工。⑤表演。⑥讨论与评价：回顾表演（观点、事件、体会），观察情况的反馈（态度、表情、演员），讨论主要焦点。⑦共享经验与概括：把问题情境与现实、经验与现行问题联系起来	角色扮演法既可使学生体验未来职业岗位的情感，深化学生职业行动能力的培养；又可使学生在感悟职业角色的内涵中，调动学生的内在动力，把职业知识、职业技能、职业心理有机地结合起来，形成良好规范的职业行为，所以具有良好的教育教学效果
	模拟教学法	是一种用教学手段和教学环境为目标导向的行动导向教学法。模拟教学力图为学习者创造一个使学习反馈充足的环境	模拟教学分为模拟设备教学与模拟情境教学两大类。① 模拟设备教学特点是不怕学生因操作失误而产生不良的后果，一旦失误可重新来，学生在模拟训练中能通过自身反馈来感悟正确的要领，及时改进、矫正、纠正操作技能，而形成正确的行动。② 模拟情境教学主要指根据专业方面的职业岗位模拟一个社会场景，在这些场景中具有与实际相同的功能、部门及工作过程，只是活动是模拟的。让学生对自己未来的职业岗位有一个比较具体的、综合性的全面理解，若能配合角色扮演则效果更佳	模拟教学属于目标导向教学。模拟模式并非发源于教育领域之内，它是控制论理论原理在教学中的应用

方法类别	教学法	定义	教学活动	注意的问题
综合能力的教学方法	项目教学法	师生通过共同实施一个完整的"项目"工作而进行的教学行动	①确定项目任务：由教师提出一个或几个项目任务设想，然后同学生一起讨论，最终确定项目的目标和任务。②制订计划：由学生制订项目工作计划，确定工作步骤和程序，并最终得到教师的认可。③实施计划：学生确定各自在小组中的分工以及小组成员合作的形式，然后按照已确立的步骤和程序工作。④检查评估：先由学生对自己的工作结果进行自我评估，再由教师进行检查评分。师生共同讨论、评判项目工作中出现的问题、学生解决问题的方法以及学习行动的特征。通过对比师生评价结果，找出造成结果差异的原因。⑤归档或结果应用：项目工作结果应该归档或应用到企业、学校的生产教学实践中	在职业教育中，项目是指以生产一种具体的、具有实际应用价值的产品的工作任务
	引导课文教学法	是借助一种专门教学文件即引导课文（常常以引导问题的形式出现），通过制定工作计划和自行控制工作过程的手段，引导学生独立学习和工作的项目教学方法	①获取信息（回答引导问题）。②制订计划（常为书面工作计划）。③做出决定（与教师讨论所制定的工作计划及引导问题答案）。④实施计划（完成工作任务）。⑤控制（根据质量监控单自行或由他人进行工作过程或产品质量的控制）。⑥评定（讨论质量检查结果和将来如何改进不足之处）	其任务是建立起项目工作和它所需要的知识、技能间的关系，让学生清楚完成任务应该通晓什么知识，应该具备哪些技能等。引导课文教学法是项目教学法的发展和完善
	张贴板教学法	是在张贴板面上钉上由学生或教师填写的有关讨论或教学内容的卡通纸片，通过添加、移动、拿掉或更换卡通纸片进行讨论，并得出结论的研讨班教学方法	①教师准备：包括本教学单元的题目、教学目标、各个教学过程的阶段划分等。②开题：常用谈话或讨论方式。教师抽出要讨论或解决的课题，并将题目写在特殊形状的卡片上，用大头针钉在张贴板上。③收集意见：学生把自己的意见以关键词的形式写在卡片上，并由教师、学生自己或某个学生代表钉在张贴板上。一般一张卡片只能写一种意见，允许每个学生写多张卡片。④加工整理：师生共同通过添加、移动、取消、分组和归类等方法，对卡片进行整理合并，进行系统处理，得出必要的结论。⑤总结：教师总结讨论结果。必要时，可用各种颜色的连线、箭头、边框等符号画在盖纸上。学生记录最终结果	张贴板是一种特制的可用大头针随意钉上写有文字的卡片或图表的硬泡沫塑料或软木板，是一种典型的"可由师生共同构建的教学媒体"
	头脑风暴法	是教师引导学生就某一课题自由发表意见，教师不对其正确性进行任何评价的方法	①起始阶段：教师解释方法，说明要解决的问题，鼓励学生进行创造性思维，并引导学生进入论题。②意见产生阶段：学生即兴表达各自想法和建议。教师应避免对学生的想法立刻发表意见，也应阻止学生对其他同学的意见立刻发表评论。③总结评价阶段：师生共同总结，分析实施或采纳每一条意见的可能性，并对其进行总结和归纳	头脑风暴法与俗语中的"诸葛亮会"类似，是一种能够在最短的时间里获得最多的思想和观点（建议集合）的工作方法，是聚合思维训练的一种好办法

方法类别	教学法	定义	教学活动	注意的问题
综合能力的教学方法	思维导图法	"思维导图"采取一种独特的画图方式,将思维重点、思维过程以及不同思路之间的联系清晰地呈现在图中,是用来组织和表征知识的工具	①把学生组成若干个合作学习小组。②教师宣布用思维导图的方法,共同讨论一个中心议题,并提出解决的问题和目标。③宣布思考时间、思维结果的表达方式。④教师引导学生共同参与卡片归类整理。⑤继续发给各组卡片,要求就已归类的几个方面再进一步思考,之后重复第三步。⑥学生展示的卡片,形成了一个图形,其基本特征是,中间是一个中心议题,向外是由若干个主要方面观点的卡片与中心议题联在一起,再向外则是第二次思考后展示次要观点的卡片,此时用线条把这些想法根据前后次序和相关性联接起来,则就形成了一个思维导图的整体图像,它完全是一个紧密联结在一起的互相交织的网络,而且所有的内容都和主题相关联	该方法若运用得当,能发挥集思广益的奇效,使每个人独到的思考不受压抑,还可以借鉴别人的智慧,激励自己的想象与灵感,产生更多更新更深层的想法,比单独思考得到更完美、更有价值的结果。集体智慧的叠加、互补和增值,促进了每个学生智商、情商和思维能力的提高
	案例教学法	通过对一个具体教育情境的描述,引导学生对这些特殊情境进行讨论的一种教学方法	①对质(阅读):介绍案例,分析案例情况,深入了解问题。②信息:考虑和计划解决问题的方法,尝试让学生通过已有的知识推断和在有或没有必备材料的前提下提出答案。③研讨:设计解决问题的方法,为解决问题有目的地收集、整理和使用材料。④决定:经过商议选择决定,并说明其理由。⑤辩论:报告和讨论所做的决定,评估和整理问题答案。⑥检查:通过反思和转换,结合实际比较答案	①案例教学的宗旨不是"传授"最终真理,而是通过一个个具体案例的讨论和思考,去诱发学生的创造潜能。它甚至不在乎能不能得出正确答案,它真正重视的是得出答案的思考过程。②案例教学的目的不是把学生培养成只会解释问题的"理论高手"。而是要培养学生成为具有解决实际问题的"智慧高手",解决"怎么干"、"干什么"的问题。案例教学重在案例分析。案例分析是针对解决问题和决策行动过程中体现职业行动能力的一种方法,它特别适合在教学中对实际生活和职业实践中所出现的问题进行分析。③进行案例分析可以培养学生发展决策能力、决策选择讨论的能力,同时练习能将整个决策过程的思维用语言进行完整、清晰表达的能力

(七) 行动导向教学的教学原则

(1) 相信学生具备理性、自由,甚至具备自我否定的能力。

（2）不求教师和学生是一个完美的人，而是一个会犯错误并能从错误中学习的人。

（3）推动和促进独立思考，而不是提前给出答案。

（4）提倡共同负责，而不是一个人对所有事物负责。

（5）提出和允许提出多种建议，而不是只有一种答案。

（6）允许进行组织，而不是给出组织措施。

（7）允许学习者制订计划和控制学习过程，而不是所有的都由教师确定。

（8）允许学习者自己制定评价标准并检查学习成果。

（9）鼓励和赞扬，而不是指责和挑剔。

行动导向教学以培养人的综合职业行动能力为目标，以职业实践活动为导向，强调理论与实践的统一，以求尊重学生的价值，张扬个性，引导学生主动学习，联系实际问题学习，结合职业性本质学习，凸显了素质教育的本质——能力教育。

五、项目教学法

项目教学法是一种几乎能够满足行动导向教学所有要求的教学方法。

1. 项目教学法的项目

项目教学法是师生通过共同实施一个完整的"项目"工作而进行的教学行动。在职业教育中，项目是指以生产一种具体的、具有实际应用价值的产品的工作任务，它应该满足以下条件。

① 该项工作具有一个轮廓清晰的任务说明，工作成果具有一定的应用价值，在项目工作过程中可学习一定的教学内容。

② 能将某一教学课题的理论知识和实践技能结合在一起。

③ 与企业实际生产过程或商业经营行动有直接关系。

④ 学生有独立进行计划工作的机会，在一定的时间范围内可以自行组织、安排自己的学习行动。

⑤ 有明确而具体的成果展示。

⑥ 学生自己克服、处理在项目工作中出现的困难和问题。

⑦ 具有一定的难度，不仅是已有知识、技能的应用，而且还要求学生运用已有知识，在一定范围内学习新的知识技能，解决过去从未遇到过的实际问题。

⑧ 学习结束时，师生共同评价项目工作成果和学习方法。

以上所列八条标准，是理想项目具备的条件。事实上，在教育实践中，很难找到完全满足这八项标准的课题，特别是学生完全独立制订工作计划和自由安排工作形式。但当一个课题基本满足大部分要求时，仍可把它作为一个项目对待。

在技术领域，很多小产品或一些复杂产品的模型都可以作为项目，如门（木工专业）、模型汽车（机械加工专业）、报警器（电子专业）、测量仪器（仪器仪表专业）以及简单的工具制作等；在商业、财会和服务行业，所有具有整体特性并有可见成果的工作也都可以作为项目，如销售专业不同场合的商品展示、产品广告设计、应用小软件开发等。

随着越来越多的企业推广小组工作方式，人们采用项目教学法来培养学生的社会能力和关键能力的需求也在不断增加，因此教学中也更多采用小组工作方式，即共同制订计划、共同或分工完成整个项目。有时，参加项目教学学习的学生来自不同专业和工种，甚至不同的职业领域，如技术专业和财会专业，目的是训练实际工作中与不同专业、部门同事合作的能力。

2. 项目教学法的实施过程

项目教学法一般按照以下5个教学阶段进行。

① 确定项目任务：通常由教师提出一个或几个项目任务设想，然后同学生一起讨论，最终确定项目的目标和任务。

② 制订计划：由学生制订项目工作计划，确定工作步骤和程序，并最终得到教师的认可。

③ 实施计划：学生确定各自在小组中的分工以及小组成员合作的形式，然后按照已确立的步骤和程序工作。

④ 检查评估：先由学生对自己的工作结果进行自我评估，再由教师进行检查评分。师生共同讨论、评判项目工作中出现的问题，学生解决问题的方法以及学习行动的特征。通过对比师生评价结果，找出造成结果差异的原因。

⑤ 归档或结果应用：项目工作结果应该归档或应用到企业、学校的生产教学实践中。例如，作为项目的维修工作应记入维修保养记录；作为项目的工具制作、软件开发可应用到生产部门或日常生活和学习中。

同其他所有教学方法一样，项目教学法与其他教学方法不是截然分开的，如引导课文法等。项目教学的关键是设计和制订一个项目的工作任务。职业教育的每个阶段（如基础培训和专业培训）都可设计一系列相互联系的项目。但初次学习的操作技能或新知识不一定适合采用项目教学。项目法教学实习流程见图2-6。

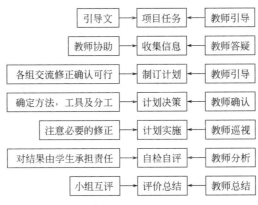

图2-6　项目法教学实习流程图

【案例】

背景：某企业准备向市场投放一批化工新产品，但由于对市场和消费群体的情况不清楚，要求下属提供一份市场调研报告。

项目：提交一份市场调研报告。

问题：市场调研报告有哪些组成部分？应该收集哪些方面的数据？怎样制订调研方案？应该怎样开展调研？调研对象有哪些？调研对策、手段、工具又有哪些？

对于刚接受任务的学生来说问题很多，教师应引导学生提出问题，应用头脑风暴法，形成几个系列问题（提出问题就是解决问题的前提条件），在共同认可的情况下确定一些主要问题。

收集信息：为了解决这些问题，学生应进行有关信息资料的收集，从中去学习有关市场调研的新知识和技能（编制调查表）。

制订调研方案：根据收集到的信息、资料，经过小组讨论，学生首先会想到应该怎么开展工作或者就应该做什么——制订调研方案。

方案交流与评价：各组方案拟订后，组织互相交流；并确定各组派一人作为评判员，主要是对各小组交流发言进行评论和提问。教师只有在各组交流结束时才发言。

应重点反复强调以下几点。

①　调研方案是决定调研能否成功的关键，所以质量一定要保证。调研报告应包括对象、地点、时间、步骤、数据分析处理，撰写和检查等内容。

②　信息的正确性将会影响报告的质量，要注意收集的信息是否说明了"应该或不应该做什么"，是否提供了"真实情况"和"发展趋势征兆"等。

③　预测调研中会遇到哪些问题？该如何解决，怎样正确掌握产品结构调整的周期变化？如果再作一次方案，能否设计得更好些？

调研方案论证后，进一步进行调研计划的制订与论证，并进行计划确认决策，然后进入实施计划，汇总调研成果，整理、分析、形成调研报告。由于后半部分必须到社会上才能实施，所以在介绍后，教师主要让学生自己去摸索学习有关知识，本项目重点在调研方案的拟订上。经过前期努力，学生至少掌握了设计调研方案的本领，既学到了必需的商务知识，如市场分析、调研报告撰写等基本要素；又了解到了开展调研活动的基本步骤、操作程序，培养了学生的综合职业行动能力。

总之，项目教学法是培养学生综合职业行动能力的教学方法。项目法教学时教师引导学习的全过程，目的是教给学生学习的方法。学生主要靠个人与小组合作来获取知识，同时自己对学习成果负责。通过项目学习，学生的情感、意志、认知、实践、交往诸方面均得到学习与提高，是一种全面的学习。项目法是综合的跨学科教学模式，还知识与技能的原貌，学生学以致用，心、手、脑并用，效果必然好。项目法是行动导向教学中诸种方法综合应用的典范，亦适用于实际工作。

六、德国行动导向教学法介绍

1. 分析文章划重点

这是很简单的一个方法，将专业基础文献或者和任务有关的文献发给学生，让学生画出文章的重点（图2-7）。教师通过观察学生所划内容，判断学生对文章的掌握情况（在教学前，教师应该首先具备划重点的能力）。这种教学方法重点培养学生分析和总结的能力，而非具体的内容教学，学生能掌握此项能力的具体时间根据学生的自身情况而定。这是一个基础能力训练，训练学生能够看懂文章，并养成归纳总结的习惯。

（a）学生划出的文章重点　　　　　　　　　（b）分析文章，认真划出重点

图2-7　分析文章划重点

2. 旋转木马

学生获得一段文字，他应该用心地研究这段文字，理解并掌握文字。在个别掌握后形成了两个同样牢固的椅子圈，分别是内圈和外圈。内圈的学生总是与外圈的学生两两面对面而坐，内圈的学生告之外圈的学生阅读内容（或者外圈说也可以），外圈的学生倾听。3～7分钟轮换，顺时针或者逆时针都可以，轮换可以是隔一个，也可以是隔几个，教师的主要任务是观察，根据情况确定何时轮换，如何轮换（图2-8）。此方法能同时让一半的学生说话，专注于学习，循序渐进，由带稿到脱稿，锻炼学生的表达能力、倾听能力，锻炼学生的勇气和培养自信，同时可以互相学习。

图2-8　利用旋转木马在学习

3. 可视化（小组拼图）

以小组合作的方式，把学习的成果用图表示出来（图2-9）。要求学生必须对所学的内容有深入的掌握，高度概括，将隐性知识进行显性表达。图形的方式比语言文字更容易理解。小组内首先需要经过讨论取得统一，然后要创造性去思考通过何种图示来表达。图示要准确，词汇选择准确，同时内容要清晰。教师只需在旁边观

图2-9　展示自己的成果

察，学生独立工作，独立完成任务。此种方式锻炼了学生概括总结能力、交流沟通能力、直观表达能力，学生专注于工作，同时可以培养专业能力。

4. 关键词学习卡片

教师制作学习内容的关键词卡片，随机让学生抽取，抽到卡片回答、解释卡片上提示的学习内容，说得不充分的由其他人补充，如果再不充分则由老师补充。这是一种很好的复习方式和学习方式。

5. 魔术盒

一名学生在前面进行描述，其他学生根据他表达的意思画出图形（图2-10）。表达的学生通过此过程可以练习表达能力，以及一些专业词汇的使用。描述的人要充分考虑底下聆听人的程度，由浅入深，与实际结合，进行准确描述。听的学生锻炼了听的专注程度，应该在掌握足量的信息后再进行描述，每个人的描述都不同。通过此种方法，可以让学生认识到传统教学过程中，以教师为中心进行表达，学生接受的信息会产生很大的不同和衰减，从而使学生愿意配合教师开展行动导向的教学，师生间建立良好的关系。此方法锻炼学生在概念与实物之间能很快地建立联系，印象深刻，课堂气氛活跃，师生共同参与。

6. "三明治"结构教学法

教师在初期首先要引入信息，引起学生兴趣和关注，这个阶段教师主导学习。下一步就要给学生一个任务，进入以学生为中心的学习，学生独立完成。然后再回到教师为中心，教师讲一段或者与学生进行一种讨论，使学生达到相当水平。如此反复，整个结构像一个三明治（图2-11）。"三明治"结构教学法适合于课题单元很长，需很多课时的单元（6周）。老师对整个过程应该很有把握，可以自己掌控。如果学生能力不够，可以缩短以学生为中心的阶段。

图2-10 魔术盒教学 　　　　　　　　图2-11 "三明治"结构教学法框架

老师引入
学生为中心阶段
老师传授
学生为中心阶段
老师总结检查

7. 学习圆圈

把学生分成5～6个小组，一般为3个人一组（不超过5个人为好），每个小组有一个特定的任务，任务各不相同，每20分钟轮换一次，保证每个小组都经历全部任务（图2-12）。这种学习方式效率高，在之前训练过的小组完成任务的基础上，加大难度，进一步锻炼学生自主工作能力。

▲ 学习圆圈教学方法示意图　　　　▲ 学生小组在学习站内学习

▲ 教师在学习站内指导学生学习　　　▲ 学习圆圈教学方法在课堂上实施的场景

图2-12　学习圆圈教学法

8. 小组扩展（专家小组）

首先，全班同学（如10个学生）划分成原始组，三个人一个组（A、B、C三个学生），最后四个学生A、B、C、D组成一组；然后组成专家小组，第一原始小组把A拉出来，第二原始小组把B拉出来，第三原始小组把C拉出来；各专家小组学习了以后，再回到每一个原始小组里去，然后向各个小组成员汇报自己在专家小组里学到的东西，这样，每个原始小组都能学到全部内容（图2-13）。

三个专家小组，每个小组主题都不一样。等到回到原始小组之后，每个题目在各小组里都已学过了，能清晰地将讨论得到的信息传达给原始小组的成员。如果学生培养好了独立工作能力、独立收集信息能力、独立判断能力等，回到小组内传播会非常顺利。小组工作的各个阶段如何做可采用不同方法。

小组扩展可以安排很大的项目，用几天来做。但不能过早实施，学生没有具备

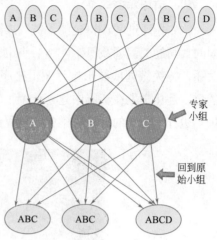

图2-13 小组扩展（专家小组）

那些基本能力时不能实施。

9. 引导文法

引导文法包括了6个步骤，也叫完全行动6步骤：获取信息—制订计划—做出决策—实施—控制—评价（图2-14）。学生从引导文中获悉某一工作所必需的知识，详细地了解某一工作的目标和方法。此外，学生在工作中都能独立进行检查。引导文法的优点是：学生广泛地独立地获得能力和知识；学生能确定自己的学习进度，自己选择学习材料；学生能按自己需要获取信息；教师可以有更多时间用于需要帮助的学生；学生能自己进行检查与控制学习。这种方法相对更复杂，对学生要求更高，相当于拿一个工作手册完成一个大任务。

图2-14 引导文法

1—获取信息；2—制订计划；3—做出决策；4—实施；5—控制；6—评价

10. 结构完善技术

首先把通过阅读得到的关键词或图像写到卡片上，小组讨论达成一个所有人认同的共同的关键词或概念。然后小组合作比较关联的形成，找到关键词之间的逻辑关系，将关键词或图形进行逻辑排序。最后利用图形进行表达（图2-15）。此方法的重点是让学生在头脑中建立一个正确的知识体系。教师在过程中进行观察，对结果不进行好与坏的评价；学生在过程中训练逻辑思维思考能力和团队协作能力。

图2-15 结构完善技术

11. 学习游戏

学习游戏是一种把学习内容游戏化的方法，教师可根据学习内容进行设计。例如，给学生提供三视图，让学生仔细观察后用所给的木块搭积木，从而达到领会机械识图的目的（图2-16）。这是让学生思考的好办法，可提高学生认知平面视图与实际立体结构关系的能力；学生会很感兴趣。在这个过程中教师也需要有创造性，通过这种方式可以一步步培养。教师在学生做的过程中观察到学生商谈讨论，学习效果比教师在台上一个人讲要强。

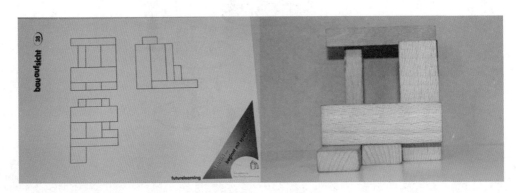

图2-16 学习游戏

　　再如另一个游戏：角色扮演，即把工作任务以角色扮演的形式给学生。教师先将每个角色的功能写在了卡片上（图2-17），谁扮演什么角色自己选。如让学生来表演四冲程发动机汽缸的工作过程，有四个角色——进气门、活塞、喷油嘴、出气门，要求学生拿到角色后练习排演，大概半个小时之后演给集体看。

> **角色游戏的卡片**
> 您现在是四冲程发动机的喷油嘴。
> 目的：通过您的动作显现出喷油嘴的工作情况。
> 任务：如果是表演喷柴油的话，很快往前跨一步并学着喷。

图2-17　角色扮演卡片

　　要完成此项任务，学生必须了解汽车发动机的运转原理才能扮演好自己的角色，因此需要一起商讨、一起行动，必要时查找相关资料，如网上相关视频等，学生在游戏中学习了专业知识。学生在深入讨论中获得每个动作之间的关联性，排练时投入了自己的感情，所以留在脑子中的记忆跟平时学习是不一样的。演练时要尽量快速，这样对发动机的过程就会很熟悉，日后当学生看到发动机汽缸这样工作时就肯定不会搞错了。

第二部分

"基于行动导向整合式
基础化学项目课程"
教育教学方案

第三章
化学项目课程设计的理念与思路

一、化学项目课程教育教学方案所要解决的关键问题

职业教育是学生应对未来工作需要的教育。随着技术的进步、工作方式的变革和工作组织形式的变化，企业的管理由传统的以分工为基础的多层管理向扁平化的知识管理转变，企业的竞争能力也由传统对资源的占有转为对知识的占有和知识的创新能力，在这种变化下，企业对员工，包括生产一线的技术型、技能型人才素质提出了更高的要求，企业对用人标准发生了变化（表3-1），这就要求职业院校的课程教学应做出相应反应，以满足企业用人要求。

表3-1　过去和现在企业对技术工人的要求对比

	企业对技术工人的要求	学校教育
过去	被动地完成任务，可以满足企业的要求。在流水线上单一工作，根据师傅的安排，完成某项工作	主要培养学生熟练的操作技能，照方抓药，具有被动地完成工作的能力，即适应技术
现在	创造性地主动完成任务，满足企业发展产品快速变化的需要。在流水线上以团队形式工作，完成完整的工作过程，需要一定的创新能力	培养学生不仅能被动地完成工作或工作过程，而且要具有创造性地完成工作的能力，即参与设计

现在学校要解决适应企业完整工作和完整工作过程对学生能力的要求，因此，学校要从整体的工作过程或基于工作过程为出发点，培养学生不仅能被动地完成工作或工作过程，而且具有创造性地完成工作的能力。所以，学校要开发学习领域课程。这种课程教学的指导思想是培养学生专业能力、方法能力和社会能力的协调发展，发挥综合效果能力，形成设计能力或参与设计的能力，以适应未来社会发展的需要。

为此，基础化学课程改革所要解决的关键问题是：应以工程技术人员从事生产技术等工作时所需要的工作过程知识为核心构建化学课程体系。它的基础性表现在工程技术人员进行设计、规划和各项技术规范的制订时所必须具备的基本概念和思路。

二、化学项目课程教育教学方案设计理念

学校教育不仅能使学生在职业生涯的阶梯上稳健地迈出第一步，而且能可持续

发展，以获得更大的成功；教师应着眼于学生整个职业生涯的发展和成功，提供具有发展潜力的课程。培养的学生不仅要具有适应工作环境的能力，而且要具有从对经济、社会和生态负责的角度建构或参与建构工作环境的能力。为此，校企共建具有行业先进理念、体现行业主流技术和标准、反映专业技术工作流程与内容、具有工学结合特色的精品课程和立体化优质教学资源。

三、化学项目课程的形成与作用

1. 化学项目课程的形成

将无机化学、有机化学、分析化学、物理化学还原为二级学科，站在一级学科的角度，再思考什么是化学？什么是化学语言？什么是化学思想？课程整合的角度见图3-1。

本化学课程是将无机化学、有机化学、分析化学和物理化学四门基础课与化学检验工和有机合成工职业标准进行解构→融通→整合→重构，衍生出来的一门课程（见图3-2）。

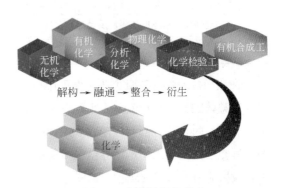

图3-1　课程整合的角度　　　　图3-2　化学课程的形成

2. 化学项目课程在专业课程体系中的作用

课程组分析了生物、食品和环境类化学近缘专业学生职业就业能力的形成过程，提炼出化学课程在人才培养目标中的作用（图3-3），可见，化学课程是为化学近缘类专业培养具有专业的基本知识和实践技能，能在生产、检验、流通和使用等专业领域中从事相应工作的高素质技能型人才奠定化学基础的课程，是培养学生的专业能力、方法能力、社会能力和科学素养的重要组成部分。

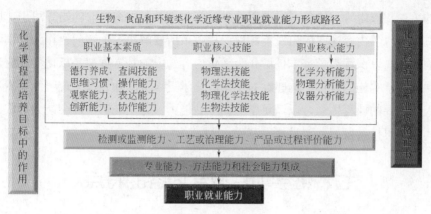

图3-3 生物、食品和环境类化学近缘专业职业就业能力形成路径

四、化学项目课程教育教学目标

化学课程教育教学目标是培养学生应用化学的基本理论和基本方法解决实际问题的能力，要求学生熟练基本要求，掌握基本方法，尝试应用和创新。

（1）具有用化学思想、理论、方法消化吸收工程概念和工程原理的能力；

（2）具有进行工程设计、制订规划和各项技术规范的基本概念和思路；

（3）具有把专业实际问题转化为数学模型，并借助于计算机和数学软件包求解数学模型的能力。

五、化学项目课程的基本任务

该课程的基本任务是掌握与专业有关的两个方面的内容。一是化学原理和方法及其在专业中的应用；二是化学实验规范化的操作技能及其在专业生产和检验中的应用。这两方面相辅相成，构成化学课程的基本内容。通过本课程的学习，学会用化学思维方式和方法，应用化学基本理论、知识和技能分析和解决职业领域中的实际问题，为学习后续课程及新技术奠定化学基础，为工学结合奠定基础。

六、教学内容的选取

在选取教学内容时，首先，通过企业深度调研，明确职业岗位实际工作任务所需要的知识、能力和素质要求，了解车间工艺流程和生产控制取样点；化工厂生产分析、质检技术及要求；化验室的组织与管理；了解分析工作在生产中的地位，与生产的关系和作用等。然后，以课程教学目标作为教学内容选取的指导思想，以课程定位作为教学内容选取的出发点，以课程改革所要解决的关键问题作为教学内容选取的核心，以课程教学基本任务作为教学内容选取的基本框架，以化学反应过程作为课程教学实施的载体，构建针对于培养化学近缘类职业领域生产一线高素质技能型人才需要的课程体系，以满足学生的专业能力、方法能力、社会能力形成的需要，为学生可持续发展奠定良好的基础。

七、化学项目教学内容的特点

一是理论联系工程实际，以职业性和技术性为特色。二是加强基础、提炼基本和按需拓宽。三是注重实践性和应用性，更贴近工程和社会、生活实际，关注社会热点和反映现代科技新成果。四是加强素质教育。如注重辩证唯物主义和爱国主义教育；加强知识综合性和跨学科性，培养综合思维能力；培养创造性思维和批判性思维的能力；注意因材施教和个性发展。五是张扬有机融合，按照职业行动能力的要求吸纳并重构四大化学内容，衍生出化学课程体系。

第四章
化学项目课程教育教学方案的设计

专业改革和课程改革的成果只有体现在课堂教学中，学生真正受益，才是高等职业教育教学改革所追求的终极目标。专业改革和课程改革的成果只有落实到怎么样提高教学质量上，才是高等职业院校教师所崇尚的工作境界和应尽的责任和义务。为此，要探究人才培养模式、课程模式、教学模式、学习模式与职业环境的关联度和匹配度，要通过教学设计与实施，将人才培养模式、课程模式、教学模式、学习模式和职业环境进行协同、关联与匹配，建构有效的教学行为系统，形成系统的教育教学方案（图4-1）。

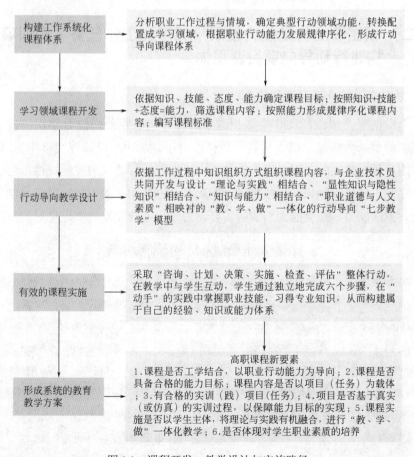

图4-1　课程开发、教学设计与实施路径

一、以化学反应过程作为课程教学的载体，构建行动导向项目课程体系

（一）将化学反应过程作为课程教学的载体

将化学反应过程作为课程教学实施的载体，解决有没有必要做？怎么做？怎么做得更好的问题（图4-2）。学生要认识一个比较完整的化学反应实验研究过程，学习实验的设计思想及方法，学会运用化学的基础知识和技能解决实际化学问题，学会综合运用合成、分离、分析、表征等相关实验技术参与设计工作。

图4-2 化学反应过程为课程教学载体

（二）根据职业行动能力发展规律序化工作任务（实训项目），构建行动导向项目课程体系

1. 构建行动导向项目课程体系

把企业的生产经营活动作为课程改革的源泉，以职业岗位对知识、技能、经验、态度的要求为依据，以课程教学目标作为指导思想，以课程定位作为出发点，以课程改革所要解决的关键问题作为核心，根据职业行动能力发展规律，遵循工作逻辑，序化工作过程知识，形成行动导向项目课程体系（图4-3），以满足学生的专业能力、方法能力、社会能力形成的需要，为学生可持续发展奠定良好的基础。

以化学反应过程为载体的行动导向项目课程体系

1.化学反应热效应测量与计算	9.化学分析基本技能训练	17.对甲苯磺酸钠的制备及芳香烃的鉴定
2.化学反应方向的判断	10.食醋中总酸的测定	18.1-溴丁烷的制备及卤代烃的鉴定
3.化学反应程度的判断	11.工业混合碱的测定	19.无铅汽油抗震剂的合成及醇、酚、醚的鉴定
4.化学反应速率的控制	12.水中总硬度的测定	20.苯乙酮的制备及醛、酮的鉴定
5.醋酸电离平衡常数的测定	13.高锰酸盐指数的测定	21.阿司匹林的制备与羧酸及其衍生物的鉴定
6.硫酸钡溶度积常数的测定	14.果蔬中维生素C含量的测定	22.甲基橙的制备及含氮有机化合物的鉴定
7.原子核外电子的排布	15.水中氯离子的测定	23.旋光度的测定
8.元素性质的鉴定	16.甲烷、乙烯、乙炔的制备及脂肪烃的鉴定	24.从茶叶中提取咖啡因

图4-3 以化学反应过程为载体的行动导向项目课程体系

2. 课程内容组合方式——分层教学，模块设计

高职教育教学中表现出各种差异性问题尤为突出。例如，各专业对化学能力需求的差异性；学生先期化学知识和能力储备的差异性；教学总体目标与学生个性发展需求的差异性。依据以人为本和因材施教的教育理念，在化学教学中宜采取"分类、分层＋模块"的教学模式。模块是由不同的实训项目灵活组合而成的（表4-1）。

（1）根据专业对化学的要求，将化学课程划分成几大类。例如，环境类、制药类和食品类。每一类又根据学生化学素质情况和本人需求，分为基本层次（A），

表4-1 化学项目课程教学内容组织与安排

类别	序号	学习情境（实训项目）名称	学时
必选学习项目	0	课程介绍	4
	1	化学反应热效应测量与计算	10
	2	化学反应方向的判断	8
	3	化学反应程度的判定和化学反应速率的控制	10
	4	醋酸电离平衡常数的测定	8
	5	硫酸钡溶度积常数的测定	6
	6	原子核外电子的排布	10
根据专业或个体不同，选择相关项目内容	7	卤族元素性质的测定	5
	8	氧族主要元素性质的测定	5
	9	氮族主要元素性质的测定	5
	10	碳族主要元素性质的测定	5
	11	过渡族主要元素性质的测定	8
必选学习项目	12	化学分析基本技能训练	16
	13	食醋中总酸的测定	10
	14	工业混合碱的测定	10
	15	水中总硬度的测定	10
	16	高锰酸盐指数的测定	10
根据专业或个体不同，选择相关项目内容	17	果蔬中维生素C含量的测定	10
	18	水中氯离子的测定	10
必选学习项目	19	甲烷、乙烯、乙炔的制备及脂肪烃的鉴定	12
	20	对甲苯磺酸钠的制备及芳香烃的鉴定	10
	21	1-溴丁烷的制备及卤代烃的鉴定	8
	22	无铅汽油抗震剂的合成及醇、酚、醚的鉴定	10
	23	苯乙酮的制备及醛、酮的鉴定	16
	24	阿司匹林的制备与羧酸及其衍生物的鉴定	10
	25	甲基橙的制备及含氮有机化合物的鉴定	8
根据专业或个体不同，选择相关项目内容	26	旋光度的测定	8
	27	从茶叶中提取咖啡因	4
合计			246

提高层次（B），专科接本科层次（C）。不同层次在课程内容的深度和广度上有所不同，并实行层次间教学的动态管理，目的是通过教学模式的改革使每一层次的学生都得到发展。

（2）根据具体情况可设计3个模块：一是基础模块，教学内容的设定以满足各专业对化学的基本要求为依据，要求所有学生必修，不同层次要求不同；二是扩展模块，依照不同专业对化学能力的要求，有侧重地选择，使之服务于专业教学需要；三是应用模块，该模块体现专业性和多学科交叉性，更多关注的是各专业领域对化学知识与化学独特研究方法的需要。

（三）制定"教、学、做"一体化教学质量评价标准

把行业企业对高职人才的要求作为制定课程质量标准的依据，健全"教、学、做"一体化的教学质量标准，规范教书育人行为质量标准，制定"教、学、做"一体化教学质量评价标准。

1. 课程整体教学设计质量标准

见表4-2。

表4-2　课程整体教学设计质量标准

	核心指标	关 注 点	重 点 强 调
1	课程目标设计	课程目标的适合度和可操作度。既面向全体，有关注差异，具有层次（梯度）性	课程目标来自职业岗位分析和专业课程体系的分工，符合学情，可检验。能力目标用项目训练实现，知识目标突出为项目所用，符合认知规律
2	课程内容设计	以问题为中心，重在完成整个任务。教学是否涉及了一系列逐渐深化的相关问题，而不仅仅是单一的应用	课程顺序以能力训练项目的实施过程为主线，小、中、大项目编排合理，台阶合适，项目效果递进，学时分配合理
3	课程实施设计	学习指导的有效度，教学过程的调控度，学生参与教学活动的广度和深度	教学过程设计要有利于"教、学、做一体化"教学。根据能力训练项目的实施要求，设计学生学习训练的组织形式。行动导向组织教学，师生、生生互动合作
4	课程评价设计	课程教学目标的达成度和课堂气氛的融合度	课程评价设计要形成性与终结性评价结合。能力目标用项目完成的效果考核，知识目标侧重于"对知识的运用"的考核，考核方式易于操作
5	课程资源设计	学习资源处理的正确度	使用的教材或讲义按工作过程重构知识体系，项目编制符合工作逻辑及学生认知规律。选用的仪器、设备、教学软件等符合课程教学目标，适合项目训练使用

2. 课程单元教学设计质量标准

见表4-3。

表4-3　课程单元教学设计质量标准

	核心指标	关注点	重点强调
1	能力目标设计	是否指明在完成课程或一个单元后学生将解决什么样的问题	从三个层面衡量能力目标的设置。第一层面是无、有、明确，第二层面是过大、适中、过简，第三层面是抽象、可检验
2	能力实训任务设计	在教学中应向学生呈现具体的教学问题和任务，然后再帮助学生如何将学到的具体知识运用到解决问题或完成整体任务中去	是否有能力实训任务，数量是否合适
3	能力训练过程设计	学生在解决问题或完成任务时是否得到具体帮助或在遇到困难时得到指导。这种帮助和指导是不是随着教学的逐渐深化而体现出由"扶"到"放"的特点	实训条件准备充分，设计合理，台阶合适、小步快进、行动引导
4	知识目标设计	是否促进了学生在学习中始终明确学习的方向	知识围绕应用展开，应用之后归纳成以应用为主线的系统
5	教学组织形式设计	课堂教学目标的达成度	教学组织形式设计要有利于理论实践一体化教学；体现职业氛围，融合职业素质的熏陶和养成训练

3. 课堂教学质量评价标准

见表4-4。

表4-4　"教、学、做"一体化教学质量评价标准

评价指标及权重	主要观测点	评价参考标准
教学目标(5%)	教学目标	认知、技能等目标明确具体，符合课程标准要求，层次分明，适应学情，便于知识和技能的掌握
教学准备(15%)	教学内容	基于工作过程，优选教学项目(案例)，反映新技术；问题设计严谨合理，把握关键，突出重点，破解难点，便于掌握；教学内容新颖，运用自如，举例恰当
	教学条件	教学设备与场地、教学软件和教具等准备到位；教学文件齐全
职业素质训练（10%）	道德规范	重视德行养成教育，引导学生形成讲究效率与效益、守时、守信、守法、崇尚卓越、团结协作、尽职尽责的习惯
	示范指导	符合企业标准和技术规范要求，操作规范熟练、注意安全；针对学生出现的问题及时纠正；进行职业意识和技能的培养
方法手段(15%)	教学手段	专业术语和图文表达准确、板书清晰，合理运用现代化教学设备，提高了视、听、思、练、记效果和表达的艺术性
	教学方法	针对工学结合教育模式，优化学法和教法，教学方法运用恰当有效，注重学法指导；注重知、能转换，培养学生创新能力
教学过程(30%)	教师主导性	将有效知识与技能训练相结合，创设教、学、做一体化的真实互动学习情境；善于设置问题情景，激发学生探究欲望；培养学生发现、分析和解决问题的能力；注重德育渗透和职业素质培养；教学活动安排紧凑，张弛有度，顺序与秩序合理，因材施教，引导学生自主学习
	学生主体性	认真听课，主动操作；积极参与读、思、疑、议、练、创等过程；思维活跃，课堂交流充分有效
教学效果(10%)	学习效果	认知、技能等目标的达成度比较高；掌握了技能和学法，能够运用所学方法解决新问题；学习兴趣增强，思维得到拓展
教学特色(5%)	教学特色	教学设计独具特色或有创新；或教学过程具有鲜明的个人风格，效果显著
施教能力(10%)	气质表现	严谨治学与执教，为人师表；教态自然，语言准确、流畅、简练，逻辑性强，有感染力；善于组织教学，驾驭课堂能力强
	知识技能	知识渊博，技能娴熟；具有统筹课程的能力

二、设计发挥各种能力合力的能力模型——行动导向课程模式，进行"教、学、做一体化"的教学设计

1. 设计发挥各种能力合力的能力模型——行动导向项目课程模式

依据课程教学的指导思想，应设计出一种发挥各种能力合力的模型，去实现培养学生的设计能力或参与设计的能力的教学目标。为此，课程组开展了行动导向教学模式"六步教学法"的研究与实践。根据教学团队教师的现状，在运用"六步教学法"进行教学设计之前，我们增加了"第0步——理论学习，积累经验，形成课程思想"，这一步的主要任务是积累教学和实践经验，学习课程与教学设计的理论：学习职业教育课程理论，解决学生学什么的问题；学习学习理论，解决学生怎么学的问题；学习教学理论，解决教师怎么教的问题"七步教学法"教学流程见图4-4。

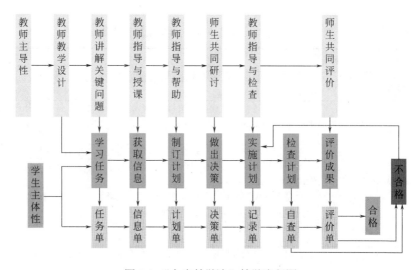

图4-4　"七步教学法"教学流程图

2. 明确化学课程教学在能力培养过程中的职责和义务

在进行教学内容的组织与安排之前，首先分析学生综合职业行动能力的形成规律，寻找学生综合职业行动能力的培养路径（图4-5），然后明确化学课程教学在职业行动能力培养过程中的地位和作用，确认化学课程教学在职业行动能力培养过程中的职责和义务。

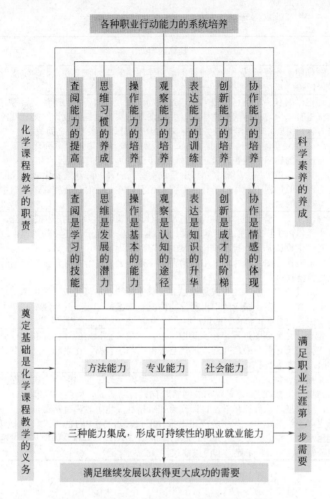

图4-5　学生综合职业行动能力培养路径

3. 开发设计"教、学、做"一体化的教育教学方案

与企业工程技术人员共同开发设计"理论与实践"相结合、"显性知识与隐性知识"相结合、"知识与能力"相结合、"职业道德与人文素质"相映衬的"教、学、做"一体化的教学方案（表4-5），即教师要进行把"工作任务"或实训项目转化成学习任务的教学设计。在教学设计时，教师要进行教学作用和学情分析，并找出相应的教学对策，同时要进行学习效果预测和制定教学效果自评标准。教师还要进行学习目标和学生学习效果考核要点（评价标准）的设定，提出学习任务的具体要求、工作过程知识目标和学习要点，同时进行网络导航和科苑导读。然后，按照获取信息→制订计划→做出决策→实施计划→检查计划→评价成果六步教学法进行教学，着眼于培养学生的创新能力。

表4-5 "七步教学法"教学方案

步骤顺序	步骤名称	具体内容	完成材料	完成人
第0步	教学设计	教师将工作任务转化为学习任务,向学生讲解学习任务要点,学生接受学习任务	任务单	教师
第1步	获取信息	通过学习任务了解任务要求,通过教师讲课、查阅资料、研讨交流等方式获得有关学习目标的整体印象,并借助基于实验过程而设计的提示性问题与解答提要,理解学习任务的要求、组成部分以及各部分之间关联	信息单	学生
第2步	制订计划	学生针对学习任务,以小组方式进行实验设计,通过对系列化的有关实验设计的提示性问题,确定具体实验步骤并形成工作计划,写出计划草案,并做出PPT。在草案中要写出完成实验的途径,陈述选择实验途径的理由。在此过程中教师给予提示并提供信息,在必要时进行授课,让学生获得相应的知识	计划单	学生
第3步	做出决策	学生上交实验计划和成果评价标准,召开全班同学参与的师生座谈会,各小组以PPT形式汇报展示实验设计计划,不仅要展示,还要陈述理由,共同讨论设计方案,找出设计方案的缺陷以明确其知识的欠缺,最后选择出一个最佳方案。教师对其中的错误和不确切之处进行指导。并对计划的变更提出建议	决策单	学生
第4步	实施计划	将最佳方案以小组的形式通过独立开展实验活动加以完成,学生填写记录单。教师只在仪器应用中出现危险情况、未遵循健康和安全规章、产生结果偏差或者不符合设定的目标时,才为学生提供适当的指导和帮助	记录单	学生
第5步	检查计划	检查计划实施的过程,在实验做完后,学生依据拟定的评价标准自行检查实验成果是否合格,并逐项填写自查单。如不合格,在老师协助下重做实验,直到达到要求	自查单	学生
第6步	评价成果	采用蜘蛛网式评价方式评价。①学生要做好学习任务的整个完成过程及其结果的汇报准备;②采取蜘蛛网状阶梯式评价方式,师生共同制定评价表,可以把培养目标和学习目标作为评价指标(也可教师直接给出);③学生以小组为单位进行实验成果汇报,汇报时需要用PPT的形式从第一步到第六步对完成任务全过程进行展示评价;④教师加以复查,师生共同讨论评价结果,并提出不足及其改进建议	评价单	学生教师

第五章
行动导向化学项目课程的教学实施

一、化学项目课程教学实施对策

在教学实施过程中，将培养学生的知识品质、技能品质、能力品质、思想品质、创新品质贯穿于教学的全过程中，通过查阅、思维、操作、观察、表达、创新和协作等各种基本技能的系统培养，并将其内化为专业能力、方法能力和社会能力的集成，为提升学生的综合素质和培养学生的综合职业行动能力及可持续发展潜力奠定良好的基础。在教学过程中分别对教师和学生提出相应的目标要求（表5-1）。

表5-1 学习质量与教学质量考核(自查)要点

目标要素	学生学习质量考核要点	教师教学质量考核要点
查阅技能	①学会自主选择、筛选信息；②根据需要积极地阅读吸收，以加深对实验原理的全面认识	①指导学生认识资料的作用，学会选择那些与实验内容相关的资料，不断扩大知识视野，提升学习效率和探索能力；②介绍常用工具书、期刊的内容、作用和使用方法，引导学生加深了解、认识和使用各种专业文献，真正使学生由"学会"转变为"会学"
思维习惯	①不要迷信教师、教科书等"权威"；勤于动脑，敢于提出不同的看法；②对化学实验中的现象和结果多问几个为什么，将自己的思维引向更深的层次，更透彻地理解知识，通过积极推理、思考、想象，准确地探索出其中的奥妙	①引导学生进行"去粗取优、去伪存真、由此及彼、由表及里"的思维加工，做出判断和推理；②发挥学生的主体作用，引导学生自觉养成良好的思维习惯，从物质结构特点深刻领会物质性质，从物质性质变化的内在联系掌握合成工艺流程；③创设思维环境，促使学生积极思考，不断提高学生思维的深刻性、灵活性、独创性
操作能力	①在预习中做到明确实验目的，搞清实验内容，并理解基本原理、操作步骤、实验装置和注意事项；②扼要地做好笔记，为能自觉地、有目的地独立地进行实验打好基础，逐步养成实验准备的习惯；③反复练习，从简单的固体药品的取用、液体的倾倒、滴管的使用、试管里的物质加热等开始，到成套实验装置的组装、系列实验的操作，都能做到准确而有序，为实验能力的进一步提高奠定基础	①根据实验的目的、内容设计学习任务，拟订实验思考题；②指导学生课前预习实验材料和学习相关内容；③通过典型示范、动作分解和示范性的操作指导，使学生逐步形成规范化操作的意识；④加强学生知识迁移应用方面的开发性培养。在教学中既要求学生掌握操作要领；还要指导学生学会举一反三、融会贯通，鼓励他们利用思维逻辑去推论或研讨另一项基本操作的原理，提高分析问题、解决问题的能力
观察能力	①掌握科学观察方法，实事求是地记录观察到的沉淀和气体生成，温度、压力、状态、颜色变化的过程；②科学合理地分析观察结果	①指导学生明确观察目的，确定观察对象，预测观察结果；②鼓励学生大胆设计观察程序和手段；③教育学生以严谨的科学态度对待实验的成败，以仔细全面的观察全方位地完成认知过程

续表

目标要素	学生学习质量考核要点	教师教学质量考核要点
表达能力	①写实验报告是知识的凝练和提升过程，是思维成果的外化。对化学实验中的文字记录和结果论述要体现出对化学知识的准确理解、对实验现象的正确判断和对实验数据的精确分析；②根据文字表达具有定型化、条理性、超时空性的特点，逐步提高修辞手法、谋篇结构、定体选技等方面的表达能力	①教师指导学生运用化学语言进行表达；②引导学生抓住实验的本质，用逻辑的推理、有条理的结构和精练的语句完成实验报告中的文字内容。
创新能力	在不断探索的情境中，主动实验、仔细观察、积极思维，发挥其主观能动性，使创造能力得到有效的培养与形成	①将开发智力、发展智力和培养创新能力有机结合，正确判断学生的认识特点和心理发展规律；②设置开放性的、需要学生努力克服而又是力所能及的非常规问题，使学生时时感到不足，又时时获得思考的乐趣；③通过提出有创造性的、变动性的问题，加强学生发散性思维的训练，让学生产生或提出尽可能多、尽可能新、具有独创性的做法和见解；④实验中指导学生根据实验原理重新设计、改进、补充实验内容，以增强实验的启发性和探索性，让学生始终处于不断探索的情境中；⑤让学生根据自己的设计开展实验过程
协作能力	①认识凝聚力的大小是衡量一个集体发展水平和战斗力的重要标志。任何一个人或一个团队，缺少合作精神的支撑就很难取得成就；②从准备到实验，从数据记录到结果分析，既有分工，又密切合作，积极讨论，相互补充，实事求是，科学结论。	①根据实验内容和步骤的实际情况引导学生在和谐的协作中达到实验的准确性，讲究实验的效率，提高实验的成功率；②创设互帮互助的良好学习氛围，让学生在成功的喜悦中感受群体的力量，渐渐形成开朗、活泼、勇敢、积极的良好心理素质，提高学生的沟通能力和团结协作能力

二、教学方法的选择与运用

（一）正确处理教师与学生的关系，合理进行教学时间分配

在行动导向项目教学中，学生是学习的主体，教师只起主导或者引导的作用，在教学时间分配上，教师讲授的时间一般不超过30%，70%以上的时间是学生在教师引导下完成学习任务。

（二）研究不同教学方法的特点，明确教师角色与师生之间的关系

运用不同教学方法时，教师角色与师生关系不同将影响到教学活动的各种规范。不同的教学方法中，教师对教学过程的干预程度和指导方法不同；学生对教学的参与程度和学习的自主性不同。有些方法中教师是活动的中心，是教学信息的提

供者和教学活动的组织者；有些方法中学生处于活动中心的地位，从搜集信息、处理信息到获取信息，发挥学生的主观能动作用；有些方法中师生有平等参与的机会，体现民主、合作、教学相长的特点。单纯的知识技能的学习，教师可采用讲授式教学法；若以让学生学会学习方法为主，则教师应采用发现式教学法。

（三）多种教学方法组合运用，以最适宜的方式促进学习者的发展

课程组主要运用行动导向教学法进行教学。行动导向作为一种教学思想，需要模拟教学、案例教学、项目教学、角色扮演、探究式教学等多种具体教学方法综合运用，形成一种学习环境，以最适宜的方式促进学习者的发展。课程组也根据课型以及训练目标的不同，选择不同的教学方法组合运用，教学效果较好。

（四）常用教学方法简介

1. 模拟教学法

课程组在专业教室中应用仿真训练系统上课时使用这种教学法。学生在模拟的情境或环境中学习和掌握专业知识、技能和能力。

2. 案例教学法

案例教学法主要通过案例分析和研究，培养学生分析问题和解决问题的能力，并且在分析问题和解决问题中建构专业知识。课程组在设置案例时，①力图把学生置于一个实际工作者的立场上，从实战的环境出发；②明确一个案例的正确答案，绝不是唯一的案例分析的结果，往往是一个中间产物，最后总会留下很多悬而未决的问题；③有时有意识地在案例制作时把一些重要的资料或数据漏掉，重视学生如何适应形势和形势变化去确定更好的、更有效的实施手段。案例教学不太重视问题的解决结果，重视的是如何分析复杂的实际问题的"方法"。这样的教学经常会出现唇枪舌剑、互不相让、教室里秩序相对"混乱"的局面。例如，在讲到化学活化能时，提出的问题是：在28℃时，鲜牛奶约4h变酸；但在冰箱（5℃）内，鲜牛奶可保持48h才变酸。试找出牛奶变酸反应速率与温度之间的关系。这是一个利用Arrhenius公式解决实际应用问题的案例建模教学。

3. "项目导入，任务驱动"教学法

"项目导入，任务驱动"教学法是一种将具体的项目或任务交给学生自己完成的教学方法，学生在收集信息、设计方案、实施方案、完成任务中学习和掌握知识，形成技能。

【案例】

学习任务（项目）

结合生活环境，自行设计方案测定饮用水（10种）、水果（10种）和蔬菜（10种）的pH值；阐述健康与人体pH值的关系；说明酸碱平衡对人体健康的重要意义；总结归纳出有利于人体健康的合适膳食方法。

项目完成流程

分组布置实习任务→专题讲座(1)→参观国家图书馆→检索资料→专题讲座（2）→超市和农贸市场选择检测样品→制订样品处理方法→专题讲座（3）→讨论及确定检测方案→各组向全体同学汇报检测方案(PPT)→讨论，教师指导→确定最终检测方案→提交实验所用仪器、药品及其数量清单→实验→教师指导纠正实验中的错误操作→整理归纳实验结果，完成测试报告，撰写实习报告→实习成果汇报准备(PPT)→实习成果交流与总结

在这个过程中进行具体操作技能训练、学生现场调查及综合分析能力的训练和综合设计实验能力的训练，培养学生独立操作、观察记录、分析归纳、撰写报告等多方面的能力；培养学生的生产观点、劳动观点、合作意识和团队精神，训练组织纪律性，进一步提高学生对企业和社会环境的适应能力；培养学生收集、分析和处理复杂信息的能力，学会利用网络及图书馆两大资源查阅资料的能力；提高理论联系实际和运用所学知识分析、解决生产中实际问题的能力。通过课程实习，使学生了解将来所从事分析检测工作的特点和企业对他们的要求，掌握一定的岗位操作技能和检验技术，全面提高职业素质。通过展示和交流学习成果，提高学生的语言组织及表达能力。课程实习中，学生情绪高涨，人人参与，自拍自录课程过程，教学效果很好。实践证明，这种"项目导向，任务驱动"教学模式对培养学生发现问题、分析问题和解决问题能力确实是一个行之有效的途径。

4. "教师质疑→学生质疑→讨论解疑→验证释疑→评价总结"教学法

在教学活动中，教师实现由演员向导演甚至是"节目主持人"的角色转变，学生应该而且必须成为教学活动中的主角。课堂上一个个循序渐进、构思巧妙的问题将学生置身于发现问题、寻找解决问题的方法、拟订方案、最终解决问题的环境之中，教师起到启发、诱导作用。如在讨论水分子的形成及其空间结构和性质时，为了阐明水分子中氧原子采取了sp^3杂化轨道成键，设置了如下几个问题：①水分子是共价分子还是离子化合物？（共价分子）；②能否用现代价键理论解释其成键过程？（学生答：能，因为氧原子能提供2个单电子与2个氢原子轨道上的单电子配对，符合成键条件）；③按这种方式成键，则键角为多少？（学生答：90°）；④实

测为104°25′，如何解释？（学生不知，提示：尝试用杂化轨道理论解释）；⑤为A₂B型分子，能否为sp杂化（不是，键角不符）？能否为sp³杂化（可能，但键角小于109°28′）？在此基础上，与学生一起用杂化轨道理论解释成键过程，并通过与前述甲烷分子的成键过程进行比较，引出不等性杂化的概念和特点，进而让学生去解释氧族元素其他氢化物的形成过程和分子的结构特征，如此就能使学生的问题迎刃而解，学会举一反三。这种导学结合、学生主动参与的互动教学方式避免了抽象的理论说教，体现了应用理论解决实际问题的基本方法，更体现了运用理论的灵活性。

5. "抽象理论具体化"教学法

化学所研究的问题来源于生活及生产实践过程中，经过科学实验与严密的科学思维所形成的创新知识体系反过来又服务于生活及生产实践，因而化学教育的目标应该是培养学生发现问题、分析和解决问题的能力，要启发和激励学生的探究欲和创新欲，培养学生的科学思维与工作方法。化学包含较多的化学基本理论，如化学反应速率理论、原子结构理论、化学键理论等，教学过程中，如果能从理论的提出背景、理论提出前的逻辑思维、逻辑推理和科学实验过程、理论要点的提出、理论的应用、评价与发展等方面引导学生思考学习，同时介绍著名科学家在提出某一理论前的理性思维与科学实验过程，使抽象的内容具体化，不仅能使学生系统掌握所学理论，同时更能训练学生的科学思维方法。

6. "实验自学引导式"教学法

这种教学法分为四个教学环节：①创设自学情景，提炼课前自学提纲。②课堂讨论，教师根据学生在课前自学中存在的问题，设计课堂讨论提纲，组织课堂讨论。③归纳教学内容，根据课堂讨论中存在的问题，教师精讲。④布置形成性练习，促进知识迁移，巩固教学内容。自学引导式教学法的优点在于有利于学生在有限的教学时间内掌握较多的知识。

例如，元素部分的学习。①教师吃透教材，根据学生应了解、掌握的内容及重难点提炼出适度的自学大纲，印发给每一位学生，让学生带着问题预习。②以物质结构原理和热力学原理为基本点，从微观和宏观的角度去讨论元素及其化合物的性质问题，使传统的描述性和罗列事实性为主体的枯燥内容转变为说理性和推理性的内容，突出化学基本原理在元素部分学习中的应用和指导作用，加深学生对无机物性质和反应性规律的理解以及对化学基本原理的掌握。在此过程中，学生学会了如何注重规律性的、特殊性的、反常性的和重要的知识的学习。③教师根据重难点精讲元素的性质、相关的原理和实验应注意的问题。④学生进行实验，在实验报告中，要求学生对实验的内容能进行归纳总结。这样，通过预习、讨论、讲解、实验、最后完成实验报告等一系列过程的训练，使学生对元素的性质从理性到感性，又从感性回到理性，掌握牢固，记忆深刻。

7. "教学与前沿科学相衔接"教学法

在课堂教学中，适时地增加介绍与化学相关的科学前沿领域、重大发现等，使学生能自觉地将经典的内容与当今化学发展的前沿领域联系起来，逐步地领悟到21世纪的今天是一个知识爆炸的时代，新知识、新规律、新概念、新兴边缘学科不断涌现，不同学科间综合交叉不断发展和深化使得科学技术飞速发展，也使得学生开阔眼界，启迪思想，激发兴趣。例如，在讲气体和溶液时适时向学生介绍液晶和等离子态，在讲化学热力学时介绍现代新能源的开发与有效的应用，在讲配位化合物时适当介绍配合物的研究与应用，在讲物质结构时简要地介绍现代光谱仪器，在讲元素部分时相应地介绍无机化学中最新合成研究进展。

几年来，课程组坚持多种教学手段的综合灵活运用，丰富了学生的空间想象力，对培养学生的综合思维能力、创造性思维和批判性思维能力起到了积极作用，同时有利于因材施教和个性发展，教学效果比较好。课程组的体会是：每一种手段都不是万能的，且课程类别、课程性质不同，运用不同手段的教学效果也不一样，关键在于各种教学手段的合理运用。

第六章
化学项目课程的优质教学资源

一、应用现代教育技术，构成多种媒介和
多种形态的教学资源

　　课程组应用计算机软件技术和多媒体技术的强大功能，加强课程资源库建设，发挥其助教、助学的功能。①按照复杂问题简单化、抽象内容形象化、动态过程可视化的思想开发教学课件，收集各类实物和图片；②针对难教、难学的内容，开发形象生动的平面动画和三维动画课件；③制作各类动态过程视频课件。现已构成多种媒介、多种形态的教学资源。

二、使用和编写优质教材，实现助教、助学功能

　　为了使教材真正成为人才培养过程中掌握知识、培养能力、发展智力和提高素质的重要信息载体，该课程组与行业企业合作，共同开发贴近工程、社会和生活实际，关注社会热点和反映现代科技新成果的教材。该课程使用由王利明、陈红梅主编的"普通高等教育十一五国家规划教材"《化学》和由王利明主编的北京市精品教材《化学实验技术》作为主教材。这套教材充分体现课程体系与内容改革、教学方法与手段改革的成果，在教育理念、教学内容和教育技术等方面体现了较好的先进性，有较强的助教、助学功能。同时，两本教材融通"双证"，突出"实用、实践、实际"特色。知识点的筛选以满足后续课程的基本需要或学生可持续发展的需要，或可直接为其所用，或构建合适的接口，体现以应用为目的。该课程内容可满足学生考取"化学检验工"职业资格证书（中级或高级）的需要。

三、建设助教、助学精品课程网站，
实现优质教学资源的最大共享

　　为了实现优质教学资源的最大共享，课程组建设了化学精品课程网站（图6-1），网站建设的思路是为学生提供高质量教育服务和为教师提供高质量教学参考发挥助教、助学功能。两条主线贯穿于网站之中，一条主线是实现助教功能，开

设了课程介绍、课程特色、课程设置、教学内容、"教、学、做"一体化教学、方法手段、实训条件、教法研究、学教互评、网络课堂等栏目；另一条主线是实现助学功能，开设了学习目标、实训项目、学习任务书、电子教材、电子教案、实训资源、实训须知、学法指导、在线作业、在线测试、在线答疑、授课实况、拓展学习、学教互评等栏目（图6-1）。两条主线相辅相成，构成化学精品课程网站的一级栏目的主要内容。2007年5月化学精品课程网站已经开通使用，多年来运行使用效果很好，实现了课程教学信息化。

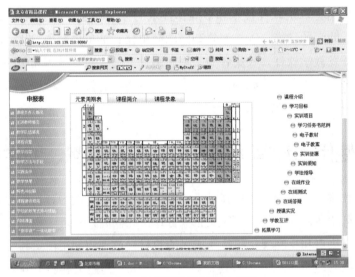

图6-1 化学精品课程网站首页

四、校外实习基地的利用

课程组在为北京市相关企业输送人才、为企业员工进行培训及为企业提供技术服务的同时，与河北省高碑店污水处理厂、中国气象科学院室内环境检测中心等多家企业建立了紧密的校企深度合作关系。学生利用每学期为期两周的化学课程实习周到企业一线实习，了解所学专业相关车间的工艺流程和生产控制取样点；化工厂生产分析、质检技术及要求；化验室的组织与管理；了解分析工作在生产中的地位，与生产的关系和作用；了解熟悉掌握分析技术，准确报出分析结果的重要性；了解到安全生产措施、常见故障和事故的产生及处理方法。通过这样的校企合作，才让学生真正感受到学习的实在和乐趣，才让他们感到学习不是虚的，而是扎扎实实的，这样更好地推动了学生在校内的学习。

第七章
化学课程团队师资培养

一、明确高职教育对教师教学工作的要求

以培养高技能人才为目标的教育需要按照"以就业为导向，以能力为本位"的原则开展教育教学工作。教师的教学过程是在学校实践和职业实践之间展开的，所以高职教育教学对高职教师的职业行动能力提出了更高的要求，即：教师职业行动能力和社会职业行动能力（劳动技能和职业文化），它要求教师不仅应具备科学研究的能力、过硬的理论功底，即专业技术能力，同时，还必须掌握与工作过程、技术和职业发展相关的知识；不仅要致力于职业专业知识的传授，而且还要具备从教育学角度将这些知识融入职业教学的能力；不仅必须具备发现问题的能力，而且必须具备制定解决问题的方案和策略的能力；不仅必须熟悉相关职业领域里的工作过程知识，而且必须有能力在遵循职业教学理论要求的前提下，将其融入课程开发之中，并通过行动导向的教学实现职业行动能力培养的目标。

二、通过改变行为来改变观念

通过教师职业教育课程教学能力培训及测评活动，解决教师的观念和能力问题。通过改变行为来改变观念。教师从"完成一个项目"入手，在"做"的过程中，切身领悟并应用先进的职教观念，从而在教学行动中改变传统的教学观念。

三、通过改变行为来掌握课程开发技术

课程开发技术解决教什么的问题。专业建设面临着构建工学结合人才培养模式的问题，也就是要完成解构与重构课程体系的艰巨任务。教师要转变观念，加强学习，借鉴国内外先进的职业教育教学经验，掌握职业教育课程开发设计技术，在课程开发专家的指导下完成本专业的课程体系的重构，并在此基础上完成教材的开发。

四、通过改变行为来提高教学设计能力

教学设计是解决怎么教的问题。对课程的教学进行系统化设计是实施有效教学的保证，教学设计的根本目的是通过对教学过程和教学资源所做的系统安排，创设各种有效的教学系统，以促进学生的学习。教师应具备职业教育教学设计的能力，才能更好地承担教学任务。

五、通过改变行为来推进学院整体课程改革质量的提高

通过教师职业教育课程教学能力培训及测评活动，解决学院培养具有综合职业行动能力的高技能应用型人才的课程改革的质量问题。要求教师对职教新观念、新的课程设计方法进行学习和讨论，解构学科课程体系，重构以工作过程为导向的项目化课程体系，开展"知识＋理论＋实践"一体化项目课程教学活动设计，把以职业活动为导向、以能力为目标、以学生为主体的教育理念融合在课程整体设计中，进行"教、学、做"一体化教学。特别是专业课程要以岗位分析和具体工作过程为基础设计课程，注重提高教学效果。同时还要注意课程设计与具体实施不一致的"两张皮"现象存在。

六、开展教师职业教育课程教学能力培训与测评活动

这种培训不是"宣传、灌输"新观念，而是要通过改变行为来改变观念。教师必须从"完成一个项目，做一件事"入手，在"做"的过程中，切身领悟并应用先进的职教观念，从而在教学行动中改变传统的教学观念。培训以教师"做事的效果"来决定培训的效果，以课程设计和实施的效果来判断教师的能力水平。这种培训主要有以下几种方式。

1. 职业活动导向培训

职业岗位上做什么，培训就练什么。教师以自己教授的课程的设计与实施为内容，进行训练。

2. 带任务培训

要求教师都要完成一项"职业岗位"任务：自选一门课程，运用新的观念进行

课程的整体设计和一次课的单元设计。

3. 校本培训

着眼于解决学校、教师个体在教学中存在的实际问题(即"完成任务过程"中的问题)。教师每人都带着自己课程设计中的实际问题，通过一对一为主的培训学习，理解和应用先进观念，完成指定任务。

4. 特色讲座

通过列举大量课程教学设计中的实例，来介绍新观念。讲座中用同一课程的正反两种设计实例来展现新观念与旧观念的差异。正反对比的展现方式最容易引起教师对自己教学现状和课程教改的深入思考。

5. 行动导向教学法的培训

通过采用行动导向教学法的培训，使教师能够构建基于工作过程为导向的课程体系。教师作为学习过程的组织者与协调者，采取"咨询、计划、决策、实施、检查、评估"的整体行动，在教学中与学生互动，让学生通过"独立地获取信息、独立地制订计划、独立地实施计划、独立地评估计划"，使学生在自己"动手"的实践中，掌握职业技能、习得专业知识，从而构建属于自己的经验、知识或能力体系。

通过测评及培训活动，能够把先进的职教观念贯彻到教师身上，落实到具体行动中，教师必须完成一门课程的设计与实施，从而大大提高了课堂教学质量，提升了教学管理水平，推动了学院整体教学改革力度。

第三部分

案　例

"教、学、做一体化"
教学设计案例

表 T-0　　　　　　　　　　　北京电子科技职业学院

学习情境教学设计

学习领域	化学				
学习情境	化学反应热效应的测量与计算				
设计教师	王利明	授课班级	2010级生物技术及应用	学时	10
教学作用	通过对化学能与热能转化规律的学习，帮助学生认识热化学原理在生产、生活和科学研究中的应用，了解化学在解决能源危机中的重要作用，知道节约能源、提高能量利用率的实际意义。让学生知道反应热的计算对于燃料燃烧和反应条件的控制、热工和化工设备的设计都具有重要意义				
学情分析	学生初步学习了化学能与热能的知识，对于化学键与化学反应中能量变化的关系、化学能与热能的相互转化有了一定的认识，在此基础上，通过自行设计实验，使学生学会盖斯定律，并从定量的角度进一步认识物质发生化学反应伴随的热效应				
教学对策	首先以测山高为例，"山的高度与上山的途径无关"，帮助学生理解盖斯定律，通过实验使学生感受盖斯定律的应用。然后，让学生利用反应热的概念、盖斯定律和热化学方程式进行有关反应热的计算。最后，利用摩尔生成焓的数据，进行简单的热化学计算，让学生掌握一种着眼于运用的学习方式				
学习效果预测	引入了焓变的概念，能使学生认识到在化学反应中能量的释放或吸收是以发生变化的物质为基础的，而能量的多少则是以反应物和产物的物质的量为基础的。通过对化学反应中的能量变化的定量分析，解决了各种热效应的测量和计算的问题				
学习任务	化学反应发生时，伴随有能量的变化，通常多以热的形式放出或吸收。燃料燃烧所产生的热量和化学反应中所发生的能量转换和利用都是能源的重要课题。如何合理地使用反应热或化学反应所放出的能量是人们所关心的问题。下面是两项学习任务，第二个学习任务在第一个任务完成的基础上，由学生以组为单位自行设计完成。 　　学习任务1. 煤是地球上储量最多的化石燃料，全世界的总储量估计有13万亿吨，它也是化学工业的重要原料。在老师指导下，以组为单位自行设计方案，测量1kg煤完全燃烧生成CO_2能放出多少kJ的热量？如何想办法知道1kg煤不完全燃烧能放出多少kJ热量？燃煤对大气环境会造成什么样的危害？对环境无危害或危害较小的能源开发状况如何？ 　　学习任务2. 自行设计方案，测定$CuSO_4$溶液与Zn粉反应所放出的热量				
学习目标	通过实验过程的整体设计培养设计能力或参与设计能力，为反应条件的控制、热工和化工设备的设计打下良好的基础				
学习任务要求	知识与技能目标		过程与方法目标		情感态度与价值观目标
	1．能利用热化学方程式进行有关反应热的简单计算； 2．能用盖斯定律进行有关反应热的简单计算		1．通过对盖斯定律涵义的分析，培养学生分析问题的能力； 2．通过盖斯定律的有关计算，培养学生的计算能力		1．通过对盖斯定律的发现过程及其应用的学习，感受化学科学对人类生活和社会发展的贡献，激发参与化学科技活动的热情。 2．树立辩证唯物主义的世界观，帮助学生养成务实、求真、严谨的科学态度

教学效果自评要素	教师主导性	1. 将有效知识与技能训练相结合设置问题情景，激发学生探究欲望；2. 因材施教，引导学生自主学习；3. 注重德育渗透和职业素质培养；4. 培养学生发现、分析和解决问题的能力
	培养查阅技能	1. 指导学生认识资料的作用，学会选择那些与实验内容相适关的资料，不断扩大知识视野，提升学习效率和探索能力；2. 介绍常用工具书期刊的内容、作用和使用方法，引导学生加深了解、认识和使用各种专业文献，真正使学生由"学会"转变为"会学"
	培养思维习惯	1. 引导学生进行"去粗取优、去伪存真、由此及彼、由表及里"的思维加工，做出判断和推理；2. 发挥学生的主体作用，引导学生自觉养成良好的思维习惯，从物质结构特点深刻领会物质性质，从物质性质变化的内在联系掌握合成工艺流程；3. 创设思维环境，促使学生积极思考，不断提高学生思维的深刻性、灵活性、独创性
	培养操作能力	1. 根据实验的目的、内容，设计学习任务，拟订实验思考题；2. 指导学生课前预习实验材料和学习相关内容；3. 通过典型示范、动作分解和示范性的操作指导，使学生逐步形成规范化操作的意识；4. 加强学生知识迁移应用方面的开发性培养。在教学中既要求学生掌握操作要领；还要指导学生学会举一反三、融会贯通，鼓励他们利用思维逻辑去推论或研讨另一项基本操作的原理，提高分析问题和解决问题的能力
	培养观察能力	1. 指导学生明确观察目的、确定观察对象、预测观察结果；2. 鼓励学生大胆设计观察程序和手段；3. 教育学生以严谨的科学态度对待实验的成败，以仔细全面的观察，全方位地完成认知过程
	培养表达能力	1. 教师指导学生运用化学语言进行表达；2. 引导学生抓住实验的本质，用逻辑的推理、有条理的结构和精练的语句完成实验报告中的文字内容
	培养创新能力	1. 将开发智力、发展智力和培养创新能力有机结合，正确判断学生的认识特点和心理发展规律；2. 设置开放性的，需要学生努力克服而又是力所能及的非常规问题，使学生时时感到不足，又时时获得思考的乐趣；3. 通过提出创造性的问题，加强学生发散性思维的训练，让学生产生或提出尽可能多、尽可能新、具有独创性的做法和见解；4. 实验中指导学生根据实验原理重新设计、改进、补充实验内容，以增强实验的启发性和探索性，让学生始终处于不断探索的情境中；5. 让学生根据自己的设计开展实验过程
	培养协作能力	1. 根据实验内容和步骤的实际情况引导学生在和谐的协作中达到实验的准确性，讲究实验的效率，提高实验的成功率；2. 创设互帮互助的良好学习氛围，让学生在成功的喜悦中感受群体的力量，渐渐形成开朗、活泼、勇敢、积极的良好心理素质，提高学生的沟通能力和团结协作能力

	教学过程——六步学习法	
获取信息	方式	通过学习任务了解任务要求，通过教师讲课、查阅资料、研讨交流等方式获得有关学习目标的整体印象并借助基于实验过程而设计的提示性问题与解答提要，理解学习任务的要求、组成部分以及各部分之间关联
	工作过程知识目标	1. 了解定容热效应（Q_V）的测量原理。熟悉（Q_V）的实验计算方法；2. 了解状态函数、反应进度、标准状态的概念和热化学定律，理解等压热效应与反应焓变的关系、等容热效应与热力学能变关系；3. 掌握标准摩尔反应焓变的近似计算；4. 了解能源概况、燃料热值和可持续发展战略

获取信息	学习要点	1. 反应热的测量：1.1基本概念；1.2反应热的测量；1.2.1反应热的实验测量方法；1.2.2.热化学方程式；1.3反应热的理论计算；1.3.1热力学第一定律；1.3.2化学反应的反应热与焓；1.3.3反应标准摩尔焓变的计算
	网络导航	"网络导航"开航前的话 参考查阅：1. 常见能源及其有效与清洁利用；2. 世界能源的结构与能源危机；3. 煤炭与洁净煤技术；4. 石油和天然气
	科苑导读	飞秒化学——欣赏化学变化的"慢动作"
制订计划	方　式	学生针对学习任务，以小组方式进行实验设计，通过对系列化的有关实验设计的提示性问题，确定具体实验步骤并形成工作计划，写出计划草案，并做出PPT。在草案中要写出完成实验的途径，陈述选择实验途径的理由。在此过程中教师给予提示并提供信息，在必要时进行授课，让学生掌握相应的知识
	计划依据	**实验目标** 1. 能测定反应的摩尔焓变，并了解测定的原理和方法； 2. 能用分析天平称量，能配制溶液和使用移液管； 3. 能用作图法处理实验数据
		完成途径 用量热的方法测量反应的摩尔焓变
		选择途径的理由 化学反应通常是在恒压条件下进行的，反应的热效应一般指的就是恒压热效 Q_p；化学热力学中反应的摩尔焓变 $\Delta_r H_m$ 数值上等于 Q_p
	预习计划	1. 实验中所用锌粉为何只需用台式天平称取；而对 $CuSO_4$ 溶液的浓度则要求比较准确？ 2. 为什么不取反应物混合后溶液的最高温度与刚混合时的温度之差作为实验中测定的 ΔT 数值，而要采用作图外推的方法求得？作图与外推中有哪些应注意之处？ 3. 做好本实验的关键是什么？ 4. 了解配制250mL 0.200mol/L $CuSO_4$ 溶液的方法和操作时的注意事项，计算所需 $CuSO_4 \cdot 5H_2O$ 晶体的质量。 5. 根据298.15K时单质和水合离子的标准摩尔生成焓的数值计算本实验反应的标准摩尔焓变，并用 $\Delta_r H$（298.15K）估算本实验的 ΔT（K）。 6. 预习实验数据的作图法以及容量瓶使用等内容
	人员计划	4人一组，根据需要，时分时合
	时间计划	8学时
	药品计划	硫酸铜 $CuSO_4 \cdot 5H_2O$（固，分析纯）；硫化钠 Na_2S（0.1mol/L）；锌粉（化学纯） [说明]需事先配制好准确浓度的 $CuSO_4$ 溶液，以备实验失败重做时使用；浓度的精确度要求3位有效数字。
	仪器与材料计划	台式天平（公用），分析天平，烧杯（100mL），试管，试管架，滴管，量筒（100mL），容量瓶（250mL），洗瓶，玻璃棒，滤纸片，温度计（0～50℃、具有0.1℃分度；0～100℃），量热计，磁力搅拌器（或电动搅拌器），放大镜，秒表

制订计划	实验步骤（计划）	1．准确浓度的硫酸铜溶液的配制 实验前计算好配制250mL0.200mol/L CuSO₄溶液所需CuSO₄·5H₂O的质量（要求3位有效数字）。 在分析天平上称取所需的CuSO₄·5H₂O晶体，并将它倒入烧杯中。加入少量去离子水，用玻璃棒搅拌。待硫酸铜完全溶解后，将此溶液沿玻璃棒注入洁净的250mL容量瓶中。再用少量去离子水淋洗烧杯和玻璃棒2～3次，洗涤溶液也一并注入容量瓶中，最后加去离子水至刻度。盖紧瓶塞，将瓶内溶液混合均匀。 2．热量计热容C_b的测定（略） 3．反应的摩尔焓变的测定 （1）用台式天平称取3g锌粉。 （2）洗净并擦干刚用过的塑料烧杯或保温杯，并使其降至室温后，用移液管量取100mL配制好的硫酸铜溶液，注入量热计中（量热计是否事先要用硫酸铜溶液洗涤几次？为什么？使用移液管有哪些应注意之处？），盖上量热计盖子。 （3）旋转搅拌（或用搅拌子），不断搅拌溶液，并用秒表每隔30s记录一次温度读数。注意要边读数边记录，直至溶液与量热计达到热平衡，而温度保持恒定（一般约需2min）。为了能得到较准确的温度测定值，本实验内容3中温度计读数应读至0.01℃，小数点后第二位是估计值。为便于观察温度计读数，可使用放大镜。 （4）迅速向溶液中加入称好的锌粉，并立即盖紧量热计的盖子（为什么？）。同时记录开始反应的时间。继续不断搅拌，并每隔30s或15s记录一次温度读数，直至温度上升至最高读数后，再每隔30s继续测定5～6min。 （5）实验结束后，小心打开量热计的盖子。 取少量反应后的澄清溶液置于一试管中，观察溶液的颜色，随后加入1～2滴0.1mol/L Na₂S溶液，从产生的现象分析生成了什么物质？试说明Zn与CuSO₄溶液反应进行的程度。倾出量热计中反应后的溶液，若用磁力搅拌器，小心不要丢失所用的搅拌子。将实验中用过的仪器都洗涤洁净，放回原处。
	检查、评价实验成果的标准	在101.325kPa和298.15K时，Zn与CuSO₄溶液反应的标准摩尔焓变的理论值可由有关物质的标准摩尔生成焓算出：$\Delta_r H_m^{\ominus}$（298.15K）＝−218.66kJ/mol。 实验结果的百分误差计算式如下： $$百分误差＝\frac{(\Delta_r H_m)_{实验值}-(\Delta_r H_m)^{\ominus}_{理论值}}{(\Delta_r H_m)^{\ominus}_{理论值}}×100\%$$ 式中，$(\Delta_r H_m)_{理论值}$可近似地以$\Delta_r H_m$（298.15K）代替。 计算反应的摩尔焓变的百分误差，分析产生误差的原因
做出决策		学生上交实验计划和成果评价标准，召开全班同学参与的师生座谈会，各小组以PPT形式汇报展示实验设计计划，不光要展示，还要陈述理由，共同讨论设计方案，找出设计方案的缺陷以明确其知识的欠缺，最后选择出一个最佳方案，教师对其中的错误和不确切之处进行指导并对计划的变更提出建议
实施计划	方式	将最佳方案以小组的形式，通过独立开展实验活动加以完成，学生填写记录单。教师只在仪器应用中出现危险情况、未遵循健康和安全规章、产生结果偏差或者不符合设定的目标时才为学生提供适当的指导和帮助
	数据记录	室温T/K： CuSO₄·5H₂O晶体的质量m/g CuSO₄溶液的浓度c/(mol/L) 温度随实验观察时间的变化： （1）热量计热容C_b的测定记录； （2）反应的摩尔焓变的测定记录。

续表

实施计划	结果处理方法	**结果处理方法——作图与外推** 　　反应的摩尔焓变用本实验所测定的温度对时间的读数作图（参见实验数据的作图法），得时间-温度曲线（如下图）。得出T_1和外推值T_2。 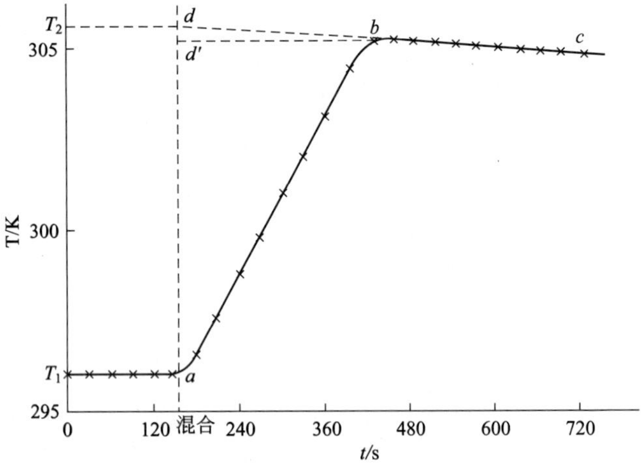 图　反应的摩尔焓变测定时温度随时间的变化
	注意事项	实验中温度到达最高读数后，往往有逐渐下降的趋势，如图所示。这是由于本实验所用的简易量热计不是严格的绝热装置，它不可避免地要与环境发生少量热交换。图中，线段bc表明量热计热量散失的程度。考虑到散热从反应一开始就发生，因此应将该线段延长，使与反应开始时的纵坐标相交于d点。图中dd'所表示的纵坐标值就是用外推法补偿由于热量散失于环境的温度差。为了获得准确的外推值，温度下降后的实验点应足够多
检查计划		检查计划实施的过程，在实验做完后，学生依据拟定的评价标准，自行检查实验成果是否合格，并逐项填写自查单。如不合格，在老师协助下，重做实验，直到达到要求
评价成果	评价方法	采取蜘蛛网状阶梯式评价方式评价。（1）做好整个学习任务完成过程及其结果的汇报准备；（2）师生共同制定评价表，可以把培养目标和学习目标作为评价指标；（3）以小组为单位进行实验成果汇报，汇报时需要用PPT的形式从第一步到第六步对完成任务全过程进行展示评价；（4）教师加以复查，师生共同讨论评价结果，并提出不足及其改进建议
	考核要点　职业素质综合评价	1．注意德行养成，形成讲究效率与效益、守时、守信、守法、崇尚卓越、团结协作、尽职尽责的习惯；2．按照企业标准和技术规范要求操作，规范熟练、注意安全，注意职业意识和技能的训练；3．认真听课，主动操作，积极参与读、思、疑、议、练、创等过程，思维活跃；4．掌握了技能和学法，能够运用所学方法解决新问题，学习兴趣增强，思维得到拓展
	考核要点　查阅技能	1．学会自主选择、筛选信息；2．根据需要积极地阅读吸收，加深对实验原理的全面认识
	考核要点　思维习惯	1．不迷信教师、教科书等"权威"，勤于动脑，敢于提出不同的看法；2．对化学实验中的现象和结果多问几个为什么，将自己的思维引向更深的层次，更透彻地理解知识，通过积极推理、思考、想象，准确地探索出其中的奥妙

续表

评价成果	考核要点	操作能力	1．在预习中做到明确实验目的，搞清实验内容，并理解基本原理、操作步骤、实验装置和注意事项。2．扼要地作好笔记，为能自觉地、有目的地独立地进行实验打好基础，逐步养成实验准备的习惯。3．反复练习。从简单的固体药品的取用、液体的倾倒、滴管的使用、试管里的物质加热等开始，到成套实验装量的组装、系列实验的操作，都能做到准确而有序，为实验能力的进一步提高奠定基础
		观察能力	1．掌握科学观察方法，实事求是地记录观察到的沉淀和气体生成，温度、压力、状态、颜色变化的过程；2．科学合理地分析观察结果
		表达能力	1．写实验报告是知识的凝练和提升过程，是思维成果的外化。对化学实验中的文字记录和结果论述要体现出对化学知识的准确理解，对实验现象的正确判断和对实验数据的精确分析；2．根据文字表达具有定型化、条理性、超时空性的特点，逐步提高修辞手法、谋篇结构、定体选技等方面的表达能力
		创新能力	在不断探索的情境中，主动实验、仔细观察、积极思维，发挥其主观能动性，使创造能力得到有效的培养与形成
		协作能力	1．认识凝聚力的大小是衡量集体发展水平和团结、战斗力的重要标志。任何一个人或一个团队，缺少合作精神的支撑，很难取得成就。2．从准备到实验，从数据记录到结果分析，既有分工，又密切合作，积极讨论，相互补充，实事求是，科学结论
实施路径示意图	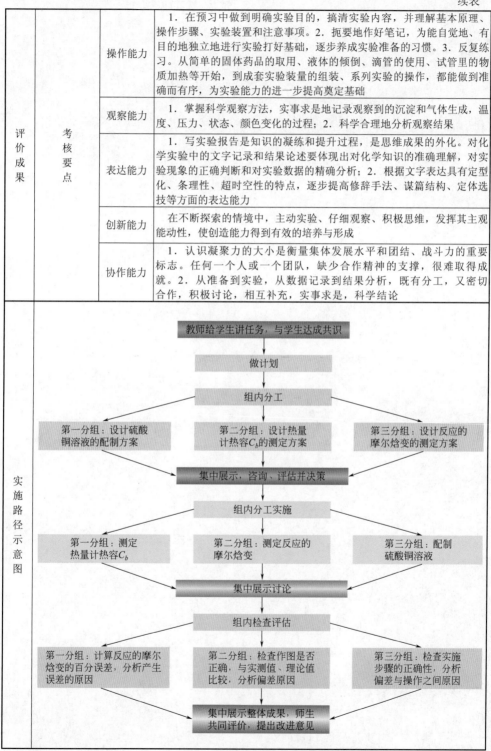		

"学中做，做中学"
学习任务书案例

北京电子科技职业学院

化学课程

学习任务书

学习情境：<u>化学反应热效应的测量与计算</u>

指导教师：<u>王利明　吴志明</u>

学习目标

一、化学课程在职业中的作用

化学课程是从事化学、化工、生物、制药、食品等非化工类化学近缘专业职业领域的学生必修的学习领域课程。作为这些领域的一个高素质的工作者，化学基础的薄厚将直接影响他们实际工作中的适应能力、职业行动能力、创新能力和发展前途。

二、学习目标

学生需要将知识品质、技能品质、能力品质、思想品质、创新品质的养成贯穿在学习的全过程中，通过查阅、思维、操作、观察、表达、创新和协作等各种基本能力的系统学习和训练，提升学生的综合素质，从而具备适应社会变化的能力、主动参与设计的能力或设计能力，以适应未来社会发展的需要。

三、实现途径

把工作过程知识作为学习的核心，把学习任务作为工作过程知识的载体，并按照职业行动能力发展规律构建自己的学习内容和能力形成框架，从而具有综合职业行动能力。学习时着力注意以下两点：

① 有意识地调动自己的好奇、求索、好胜、独创、发散性思维等学习心理；

② 注意训练自己科学有序的规范性、认识事物的深刻性、勇于创新的开拓性。

四、具体措施

1. 提高查阅能力——查阅是学习的技能

培养依据：在知识日新月异的时代，必须重在培养学生寻找知识、处理知识和理解知识的能力，培养学生的自主意识，不断扩大知识视野，提升学习效率和探索能力，使学生由"学会"转变为"会学"。

对学生的要求：

① 学会自主选择、筛选信息；

② 根据需要积极地阅读吸收，以加深对实验原理的全面认识。

2. 养成良好的思维习惯——思维是发展的潜力

培养依据：思维是获得知识的关键过程，对学生未来的学习和工作也将产生深远的影响。

对学生的要求：

① 不要迷信教师、教科书等"权威"；勤于动脑，敢于提出不同的看法；

② 对化学实验中的现象和结果多问几个为什么，将自己的思维引向更深的层次，更透彻地理解知识，通过积极推理、思考、想象，准确地探索出其中的奥妙。

3. 培养操作能力——操作是基本的能力

培养依据：职业技术教育的目标就是培养应用型人才；学生应该具有较强的操作能力和工程意识，能够掌握和使用最新的技术，才能打下良好的职业技能基础，适应未来人才市场的需求。

对学生的要求：

实验前，强化实验准备意识；实验中，强调实验操作的规范化。

① 在预习中做到明确实验目的，搞清实验内容，并理解基本原理、操作步骤、实验装置和注意事项（包括操作、仪器的使用和安装、药品称量、观察现象、废物处理、安全防护等各方面的注意事项）。

② 扼要地作好笔记，为能自觉地、有目的地独立地进行实验打好基础，逐步养成实验准备的习惯。

③ 反复练习。从简单的固体药品的取用、液体的倾倒、滴管的使用、用量具（量筒和滴定管等）量取液体、气体的收集、试管里的物质加热、检查装置气密性等开始，到成套实验装量的组装、系列实验的操作，都能做到准确而有序，为实验能力的进一步提高打下坚实的基础。

4. 培养观察能力——观察是认知的途径

培养依据：观察能力是人类认识世界的一个重要途径和开端，是发现问题和发明创造的首要步骤，是培养学生实事求是的学习态度和科学方法的重要手段，也是学生毕业后从事创造性劳动和科研不可缺少的素质。同时，观察能力的提高还是发展思维能力与创造能力的基础，有利于其他综合素质的培养。

对学生的要求：

① 掌握科学的观察方法，实事求是地记录观察到的沉淀和气体生成，温度、压力、状态、颜色变化的过程；

② 科学合理地分析观察结果。

5. 训练表达能力——表达是知识的提升

培养依据：科学规范、条理清晰的表达能力是推理论证水平和逻辑思维能力的体现，是学生思维成果的外化，也是需要加强培养和训练的重要能力。

对学生的要求：

① 认识写实验报告是知识的凝练过程和提升过程，是思维成果的外化；

② 在实验报告中，对化学实验中的文字记录和结果论述要体现出对化学知识的准确理解，对实验现象的正确判断和对实验数据的精确分析；

③ 根据文字表达具有定型化、条理性、超时空性的特点，逐步提高自己修辞手法、谋篇结构、定体选技等方面的表达能力，为适应社会对人才全方位的需要奠定基础。

6. 培养创新能力——创新是成才的阶梯

培养依据：二十一世纪为创新时代，创新是能力的体现，是发展的基础。充分利用化学实验求证性和探索性的特点，培养学生的创造能力。

对学生的要求：

在不断探索的情境中，主动实验、仔细观察、积极思维，发挥其主观能动性，使创造能力得到有效的培养与形成。

7. 培养协作能力——协作是情感的体现

培养依据：互相尊重、虚心谦让、共同进步的协作精神是现代科学精神不可缺少的内容，科学技术飞速发展，信息化、网络化的社会不仅需要高效率、高智慧的创造性人才，更需要这类人才具有良好的合作精神。

对学生的要求：

① 认识凝聚力的大小是衡量一个集体的发展水平和团结、战斗力的重要标志。任何一个人，任何一个团队，缺少了合作精神的支撑，很难取得成就；

② 从准备到实验，从数据记录到结果分析，既有相对分工，又密切合作，积极讨论，相互补充，实事求是，科学结论。

8. 职业综合素质要求

① 注意德行养成，形成讲究效率与效益、守时、守信、守法、崇尚卓越、团结协作、尽职尽责的习惯；

② 按照企业标准和技术规范要求操作，规范熟练、注意安全，注意职业意识和技能的训练；

③ 认真听课，主动操作，积极参与读、思、疑、议、练、创等过程，思维活跃；

④ 掌握技能和学法，能够运用所学方法解决新问题，学习兴趣增强，思维得到拓展。

表S-0　　　　　　　　　　北京电子科技职业学院

任务单

班级：_____　　姓名：_____　　学号：_____　　组别：_____

项目名称	化学反应热效应的测量与计算		
学习目标	通过实验过程的整体设计培养设计能力或参与设计能力，为反应条件的控制、热工和化工设备的设计打下良好的基础		
学习任务	化学反应发生时，伴随有能量的变化，通常多以热的形式放出或吸收。燃料燃烧所产生的热量和化学反应中所发生的能量转换和利用都是能源的重要课题。如何合理地使用反应热或化学反应所放出的能量是人们所关心的问题。下面是三项学习任务，由学生以组为单位自行设计完成。 任务1：以组为单位，自行设计方案，如何测量1kg煤完全燃烧生成CO_2能放出多少kJ的热量？ 任务2：以组为单位，自行设计方案，如何想办法知道1kg煤不完全燃烧能放出多少kJ热量？ 任务3：以组为单位，自行设计方案，如何想办法将20g粗盐提纯为纯净的盐？		
任务要求	知识与技能目标	1. 能利用热化学方程式进行有关反应热的简单计算； 2. 了解盖斯定律的涵义，能用盖斯定律进行有关反应热简单计算。 3. 掌握无机化学基本操作技能	
	过程与方法目标	1. 通过对盖斯定律的涵义的分析和论证，培养学生分析问题的能力； 2. 通过热化学方程式的计算和盖斯定律的有关计算，培养学生的计算能力。 3. 能正确选择漏斗和滤纸，组装过滤器，过滤、洗涤沉淀物，检验沉淀物是否洗净	
	情感态度与价值观目标	1. 通过对盖斯定律的发现过程及其应用的学习，感受化学科学对人类生活和社会发展的贡献，激发参与化学科技活动的热情。 2. 树立辩证唯物主义的世界观，帮助学生养成务实、求真、严谨的科学态度	
任务安排	学　时	8课时	
	地　点	实验室601，302教室	
	人员分组	实训操作过程，两人一组，合作完成两种水样测定，数据共享	
	交报告时间	2011年5月6日	
评价标准	职业综合素质	1. 注意德行养成，形成讲究效率与效益、守时、守信、守法、崇尚卓越、团结协作、尽职尽责的习惯； 2. 按照企业标准和技术规范要求操作，规范熟练、注意安全，注意职业意识和技能的训练； 3. 认真听课，主动操作，积极参与读、思、疑、议、练、创等过程，思维活跃； 4. 掌握技能和学法，能够运用所学方法解决新问题，学习兴趣增强，思维得到拓展	
	查阅技能	1. 学会自主选择、筛选信息； 2. 根据需要积极地阅读吸收，以加深对实验原理的全面认识	
	思维习惯	1. 不要迷信教师、教科书等"权威"；勤于动脑，敢于提出不同的看法； 2. 对化学实验中的现象和结果多问几个为什么，将自己的思维引向更深的层次，更透彻地理解知识，通过积极推理、思考、想象，准确地探索出其中的奥妙	

续表

评价标准	操作能力	养成两个意识：实验前的准备意识和实验中的操作规范化意识 　1. 在预习中做到明确实验目的，搞清实验内容，并理解基本原理、操作步骤、实验装置和注意事项（包括操作、仪器的使用和安装、药品称量、观察现象、废物处理、安全防护等各方面的注意事项）。 　2. 扼要地作好笔记，为能自觉地、有目的地独立地进行实验打好基础，逐步养成实验准备的习惯。 　3. 反复练习。从简单的固体药品的取用、液体的倾倒、滴管的使用、用量具（量筒和滴定管等）量取液体、气体的收集、试管里的物质加热、检查装置气密性等开始，到成套实验装量的组装、系列实验的操作，都能做到准确而有序，为实验能力的进一步提高打下坚实的基础
	观察能力	1. 掌握科学观察的方法，实事求是地记录观察到的沉淀和气体生成，温度、压力、状态、颜色变化的过程； 　2. 科学合理地分析观察结果
	表达能力	1. 认识到写实验报告是知识的凝练过程和提升过程，是思维成果的外化； 　2. 在实验报告中，对化学实验中的文字记录和结果论述要体现出对化学知识的准确理解，对实验现象的正确判断和对实验数据的精确分析； 　3. 根据文字表达具有定型化、条理性、超时空性的特点，逐步提高自己修辞手法、谋篇结构、定体选技等方面的表达能力，为适应社会对人才全方位的需要奠定基础
	创新能力	不断探索的情境中，主动实验、仔细观察、积极思维，发挥其主观能动性，使创造能力得到有效的培养与形成
	协作能力	1. 认识凝聚力的大小是衡量一个集体的发展水平和团结、战斗力的重要标志。任何一个人或一个团队，缺少了合作精神的支撑，很难取得成就。 　2. 从准备到实验，从数据记录到结果分析，既有相对分工，又密切合作，积极讨论，相互补充，实事求是，科学结论
备注		

表S-1 北京电子科技职业学院

信息单

班级：_____ 组别：_____ 小组组员：_____

项目1	化学反应热效应的测量与计算
学习任务	任务1：以组为单位，自行设计方案，如何测量1kg煤完全燃烧生成CO_2能放出多少kJ的热量？ 任务2：以组为单位，自行设计方案，如何想办法知道1kg煤不完全燃烧能放出多少kJ热量？ 任务3：以组为单位，自行设计方案，如何想办法将20g粗盐提纯为纯净的盐？

信息条目：	获取途径：
内容：	

信息条目：	获取途径：
内容：	

信息条目：	获取途径：
内容：	

信息条目：	获取途径：

信息条目：	获取途径：

表 S-2　　　　　　　　　　北京电子科技职业学院

计划单

班级：_____　　　组别：_____　　　小组组员：_____

项目1	化学反应热效应的测量与计算			
计划依据	实验目标			
	完成途径			
	选择途径的理由			
预习计划				
人员分工	姓名	角色	具体任务	备注
进程安排				
药品计划	名称	规格	数量	备注
仪器与材料计划	名称	规格	数量	备注
实验设计				
检查、评价实验成果的标准				

表 S-3 北京电子科技职业学院

决策单

班级：_____ 组别：_____ 小组组员：_____

项目1		化学反应热效应的测量与计算		
组号	计划及方案汇报	讨论纪要	改进意见	确定方案
1				
2				
3				
4				
5				

表 S-4   北京电子科技职业学院

记录单

班级：_____   组别：_____   小组组员：_____

项目1	化学反应热效应的测量与计算	
评语	教师签字：　　　　　　　　日期：	成绩

  1. 数据记录

  2. 结果处理方法

  3. 实验结果与分析

  4. 注意事项

表 S-5　　　　　　　　　北京电子科技职业学院

自查单

班级：_____　　　组别：_____　　　小组组员：_____

项目1	化学反应热效应的测量与计算				
自查项目	支撑材料	检查结果	自我评价	改进措施	备注
人员分工					
时间进程					
仪器准备					
试剂准备					
实验设计					
实验操作					
实验结果					
清场规整					

表S-6　　　　　　　　　　北京电子科技职业学院

评价单

班级：＿＿＿＿＿　　　组别：＿＿＿＿＿　　　小组组员：＿＿＿＿＿

项目1		化学反应热效应的测量与计算			
序号	评价指标 （权重）	考核要点 （参考任务单中"评价标准"）	自评成绩	互评成绩	教师评价
1	职业素质 （15%）	遵守学习纪律，端正学习态度，课下主动进行理论知识学习和进行实践环节的工作， 按时完成分配的工作任务， 按时完成作业， 如实记录实验结果			
2	查阅能力 （15%）	工作前查阅资料的能力			
3	思维能力 （10%）	独立学习能力，正确理解和完成工作指导手册			
4	操作能力 （15%）	严格执行标准操作规程，处理紧急事件的能力			
5	观察能力 （15%）	实事求是地记录观察到的沉淀和气体生成，温度、压力、状态、颜色变化的过程，并对此结果作出科学合理的分析			
6	表达能力 （10%）	帮助小组完整展示工作成果的表达能力（包括口头表达、写作及制作PPT等）			
7	创新能力 （5%）	设计方案中的建议能力			
8	协作能力 （15%）	协调解决小组工作中的问题			
小计	100分				
总分					